손맛으로도
먹고싶니다

손맛으로도 먹고삽니다

지은이	박희선 은유
펴낸이	정규도
펴낸곳	황금시간

초판 1쇄 발행	2015년 12월 15일

편집	권명희 신소연
디자인	땡스북스 스튜디오 김영은
사진	정정호

황금시간
Golden Time

주소	경기도 파주시 문발로 211
전화	(02)736-2031(내선 362~364)
팩스	(02)732-2036

출판등록	제406-2007-00002호
공급처	(주)다락원
구입문의	전화: (02)736-2031(내선 250~252)
	팩스: (02)732-2037

값 14,500원
ISBN 978-89-92533-82-9 (13590)

http://www.darakwon.co.kr
· 다락원 홈페이지를 통해 주문하시면 자세한 정보와 함께 다양한 혜택을 받으실 수 있습니다.
· 기타 문의사항은 황금시간 편집부로 연락 주십시오.

손맛으로도 먹고삽니다

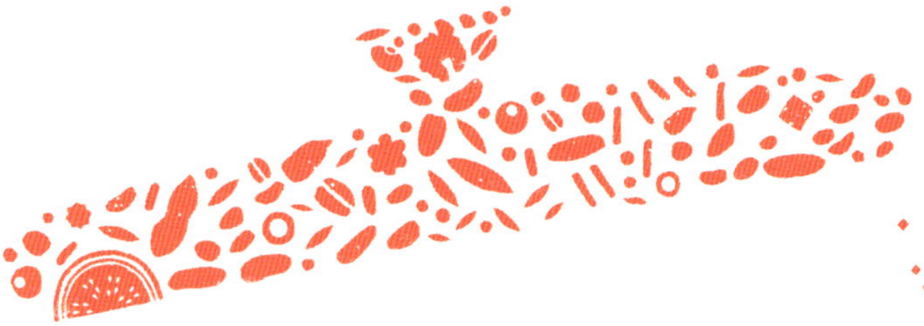

10인의 먹거리 소상공인 성공기

박은영·은유 지음

황금시간

손맛 있는 분들에게 보내는 작은 응원

이 책은 음식점 창업을 위한 안내서가 아니다. 그런 가이드북이라면
1장 1절에서 반드시 다루었을 주제, '어떤 아이템을 선택할 것인가'라는
핵심적인 질문과 시장 분석이 없다. 그 대신 '내 손맛도 돈이 될까?'라는
사뭇 소심하고 신선한 질문에서 출발한다.

처음에 기획회의를 위해 편집팀과 만났을 때 〈손맛으로도 먹고삽니다〉
라는 제목을 듣고는 가슴이 다 두근거렸다. '먹고살다'라는 눈물 젖은
빵 같은 합성동사가, 앞에 손맛이라는 절대 무기를 탑재하고 나니 참
위풍당당해 보였다.

'먹고살기 위해' 돈이 되는 일을 찾는 것과, 내가 좋아하는 일을 하며
'먹고살 방법'을 모색하는 것은 참 다른 선택이다. 이 책에는, 조금 느리고
서툴러도 당당히 후자의 길을 선택해 자기다운 삶을 걸어가는 사람들의
작은 창업 성공기가 담겨 있다.

우리 주변에는 정식으로 교육받지 않았어도 끝내주게 맛있는 음식을
한 가지 이상은 만들 줄 아는 숨은 손맛 보유자들이 많다. 집안에서
물려받은 비법이건, 취미로 갈고닦은 실력이건, 아니면 내 가족을 위해
음식을 하다 발견한 재능이건, 대부분은 그 일을 좋아하는 사람들이
특별한 손맛을 보유하게 된다. 이런 분들이 용기 내서 시작하는 작고 개성
있는 맛집들이 주변에 많아지기를 바란다.

그런 재능이 있는 분들의 꿈을 응원하고자, 열심히 듣고 썼다. 책 만드는
작은 재주를 무기로 삼고 살아가는 사람으로서, 함께 걷는 마음으로
생생히 전하고자 했다.

박희선

'먹다'와 '살다'의 가치를 지키는 것

먹다와 살다. 평생 안고 가는 화두다. "이게 다 먹고살자고 하는 일인데"라며 긴 한숨의 꼬리를 물고 자기 생을 회의하지 않는 사람이 있을까. 누군가의 말대로 우리는 평범하게 (먹고)살기 위해 죽을 만큼 노력해야 하는 이상한 시대에 산다. 그래서 이 책의 기획이 매력적으로 다가왔다. '대박신화'가 아닌 '먹고살기'로 접근한 창업 성공기.

그 주인공들을 직접 만났을 때 몇 가지 공통점이 보였다.

첫째는 정성스런 음식을 먹고 자랐다. 할머니나 엄마의 손맛이 좋아서 잘 먹었거나, 외부의 맛집을 찾아다니며 잘 먹었거나. 오랜 세월 손맛이 몸에 쌓여 자기의 '손맛'이 되고 장사의 '밑천'이 된 것이다.

둘째는 자기가 좋아하는 음식에서 아이템을 발굴했다. 당시 유행하는 트렌드가 아닌 어릴 때부터 먹어본 국수, 반찬, 곡물, 빵 등을 현대적으로 해석하여 나만의 메뉴를 찾았다.

셋째는 한번 맺은 인연을 귀히 여겼다. 오프라인이든 온라인이든, 작은 가게는 소수의 고객을 상대하기 마련이다. 늘 일정한 레시피로 최상의 맛을 선보일 때 고객이 입소문을 내고 단골이 늘며 안정화되는 구조였다. 돈보다 맛을 지키며 신의를 쌓아간 것이다.

그러니까 손맛으로 먹고사는 비결은, 이것이다. 가혹한 경쟁이나 무모한 유행에 휘말리지 않고 '먹다'와 '살다'의 가치를 지키는 것. 내가 잘하는 음식으로 나도 살고 남도 살고. 이 얼마나 멋진 삶의 시나리오인가.

이 책이 조금이라도 영감과 힌트를 줄 수 있길 바란다.

은유

CONTENTS

음식 만드는 일이 즐겁습니다.
손맛 좋다는 칭찬을 늘 듣습니다.
그러면 내 음식도 돈이 될까요?
내 손맛으로도 행복하게 먹고살 수 있을까요?

누군가의 꿈길을 앞서 걸어간

손맛 좋은 이들의 작은 창업 성공 이야기를

지금 시작합니다.

완판하고 나니
'되겠다' 싶었습니다

식빵 전문점, 식빵공작소 | 조고운

내 손맛도 돈이 될까?

"푸드스타일리스트를 꿈꾸며

다양한 요리를 배웠어요.

그러다가 빵 냄새에 취해버렸죠.

식빵은 이런저런 재료를 넣으며

새로운 맛을 실험하는 재미가 큰데,

그렇게 만든 신제품이 팔리기 시작할 때

기분이 엄청 좋아요."

식빵 전문점, 식빵공작소

나를 소개합니다
조고운(33)

IT 업체에서 10년간 근무하다
조금이라도 젊을 때 진짜 원하는 삶에
도전하고 싶어 사표를 썼다. 요리는
뭐든 좋아해서 한식, 중식, 제과, 제빵,
바리스타, 푸드스타일링 자격증을
땄을 정도. 손맛이라면 좋은 재료로
건강을 먼저 생각하는 '집밥의 기술'을
잊지 않은 것. 베이킹의 경우 일일이
반죽부터 직접 하고 수제버터와
발효버터를 사용해 풍미를 더한다.

나의 브랜드를 소개합니다
식빵공작소

식빵 전문 베이커리이다. 12가지 맛의
식빵 외에 단팥빵, 크림빵, 스콘 등 기본
빵을 만들고, 식빵 종류를 주기적으로
바꾼다. 일일이 직접 반죽하고 수제버터와
발효버터를 사용해 풍미를 살린다.
초코식빵과 치즈식빵이 가장 인기 있고,
백약초배기식빵은 이 집에만 있는 간판
메뉴다. 가게가 바빠지기 전에는 동네
주민들을 대상으로 홈베이킹 원데이
클래스도 운영했다.

형태	작업장(10여 평), 매장(10여 평). 매장 판매
오픈	2014년 3월
개업 자금	3,500만 원(공장 임대 및 설비 마련)
자금 조달 방법	퇴직금
주요 품목	식빵 12종 외 기본 빵류
주 고객층	젊은 층, 아이가 있는 가정주부
월 매출	4,000만 원

주소	서울 강서구 화곡로21길 50 (화곡본점, 작업장) 서울 강서구 곰달래로 121 (까치산역점, 매장)
전화	(02)2693-4996(매장) 070-4644-4996(작업장)
블로그	blog.naver.com/be_bread

1 / 내 손맛도 돈이 될까?

'식빵공작소'의 하루

05:30	● 반죽, 발효, 빵 굽기 (~18:00)
09:00~	● 매장 영업 시작
17:00~18:00	● 마지막 빵 완성
18:00~19:30	● 다음 날 쓸 재료 준비
20:00~21:00	● 영업 정산, 식재료 주문, 기타
21:00	● 영업 마감

바야흐로 '요리 전성시대'다. 인기 셰프들의 요리 프로그램이 방송사의 황금시간대를 점령하며 요리 시대를 알리더니 요즘은 연예인이나 가족친지나 너나없이 요리가 취미라고 팔을 걷어붙이고 나섰다. 요리는 엄마의 일, 전통적으로 여자들의 몫이라는 사회적 인식도 순식간에 뒤집어졌다. 요리는 이제 현재의 삶을 즐길 줄 아는 모든 이의 관심사가 되었고, 아이를 키우는 주부나 혼자 사는 싱글남이나 구분 없이 주방 앞으로 돌려세웠다. 자격증 취득까지는 생각하지 않는다면 요리를 배울 수 있는 방법도 쉽고 다양해졌다. 저녁식사 시간대에 채널마다 방영되는 요리 프로그램들, 주제도 스타일도 다양한 단행본 책자들, 요리 블로거들이 매일 경쟁적으로 쏟아내는 인터넷 정보들, 그리고 주변을 둘러보면 문화센터나 개인 강습 등 가볍게 들을 수 있는 단품요리 클래스도 넘쳐난다.

세상이 이렇다 보니 취미로 배운 요리로 창업에 도전하는 사람도 늘고 있다. 음식점 창업에 자격증이 꼭 필요한 것도 아니고, 특화된 아이템 하나, 또는 남다른 손맛으로 승부하는 작은 가게가 주목받는 경우도 많기에 앞으로도 도전은 계속될 전망이다. 그렇다면 요리에 관심을 갖고 이 책을 집어든 독자들도 언젠가 한번쯤은 비슷한 질문을 던지게 되지 않을까. '내 손맛도, 내 요리 실력도 돈이 될까?' 하는.

10년간 IT업계에서 직장생활을 하며 틈틈이 배우고 다져온 요리 실력으로 식빵 전문점을 차려 홀로서기에 성공한 조고운 씨는 그 질문의 답을 먼저 찾아낸 사람이다. 겁 없이 도전해서 후회 없이 결과를 보고 싶었다는 패기만만한 그녀의 '1인 빵집' 창업 이야기를 들어보자.

푸드스타일리스트를 꿈꾸다 빵집 창업으로

"처음에 요리를 배운 건 푸드스타일리스트가 되고 싶다는 꿈
때문이었어요. 스타일링을 잘하려면 음식의 기본기를 익히는 게
중요하다고 생각했거든요. 가능한 한 많은 요리를 섭렵해 자격증을 따자고
작정했죠. 마지막에 도전한 분야가 제빵이었는데 자격증 시험을 보러
가는 날 이상하게 가슴이 뭉클했어요. 자격증을 따고 나면 빵 만드는
즐거움도 끝날 것 같이 묘하게 서운한 마음이 들더라고요. 그 뒤로
구체적으로 생각하게 된 것 같아요. 내가 만든 빵도 돈이 될 수 있을까
하고."

마음이 점점 창업 쪽으로 기울었다. 푸드스타일리스트가 되려면
바닥부터 시작한다는 각오와 그만큼의 시간 견디기가 필요한데
IT업계에서 10년간 쌓은 경력을 버리고 다시 그 길로 들어서자니
막막했다. 반면에 창업은 규모만 작게 잡으면 바로 시작할 수 있고
무엇보다 결과를 빨리 볼 수 있다는 게 마음에 들었다. 젊어서 창업은
실패하더라도 다시 일어날 시간이 뒤에 있다는 게 안심이 되었다.

창업을 고려하자 요리할 때 가장 좋아했던 작업, 그리고 작은 가게로
도전하기에 괜찮은 아이템을 전략적으로 고민해 '식빵 전문점'을
생각해냈다. 그녀는 빵 굽는 일을 가장 좋아했다. 하지만 혼자서 작게
시작하기에는 다양한 빵을 파는 종합 베이커리보다 단일 아이템을
취급하는 전문점이 운영하기에 훨씬 수월하고 단골고객을 모으기에도
유리할 것 같았다.

조고운 씨는 식빵을 '그릇'이라고 표현한다. 기본적인 맛도 형태도
일정하지만 만드는 사람의 창의적인 레시피를 더해 얼마든지 새로운

식빵 전문점. 식빵공작소

식빵공작소

발효버터와 빵 나오는 시간
우유버터를 사용한

• 단팥빵·슈크림·오닝롤

• 치즈·백앙초·호텔 : 10시 40분

• 모카초코·밤·잡곡 : 11시 40분

• 치즈·블루베리잼·초코 : 오후 1시

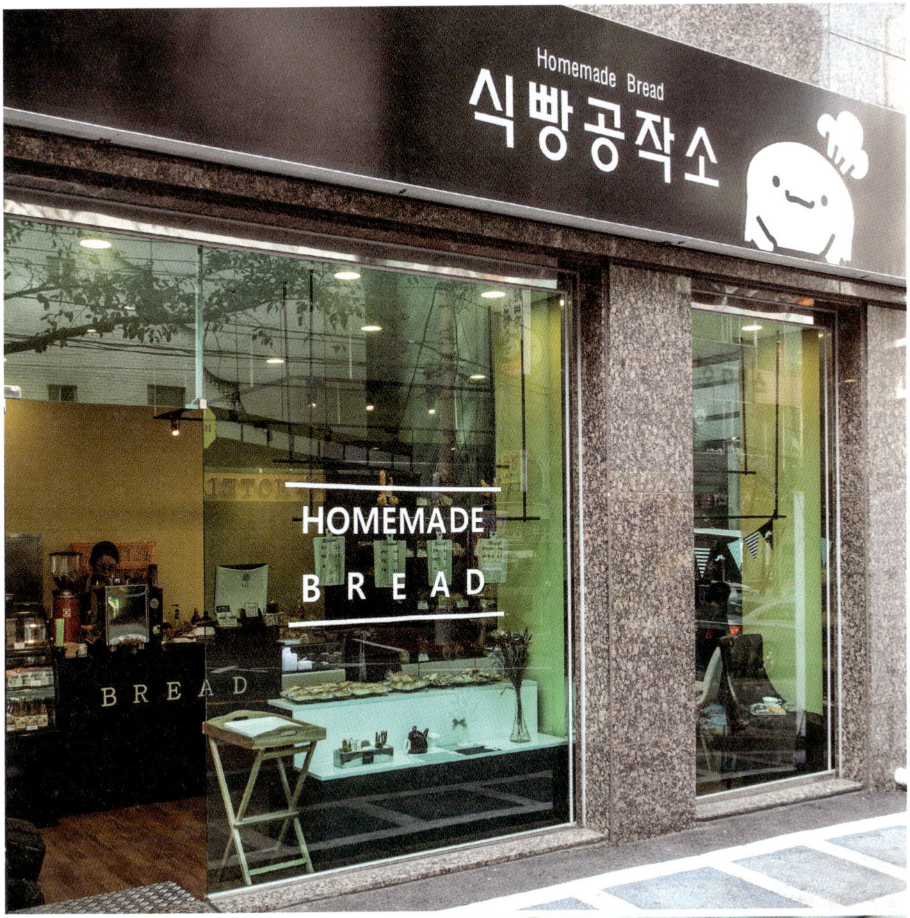

Homemade Bread
식빵공작소
HOMEMADE
BREAD
BREAD

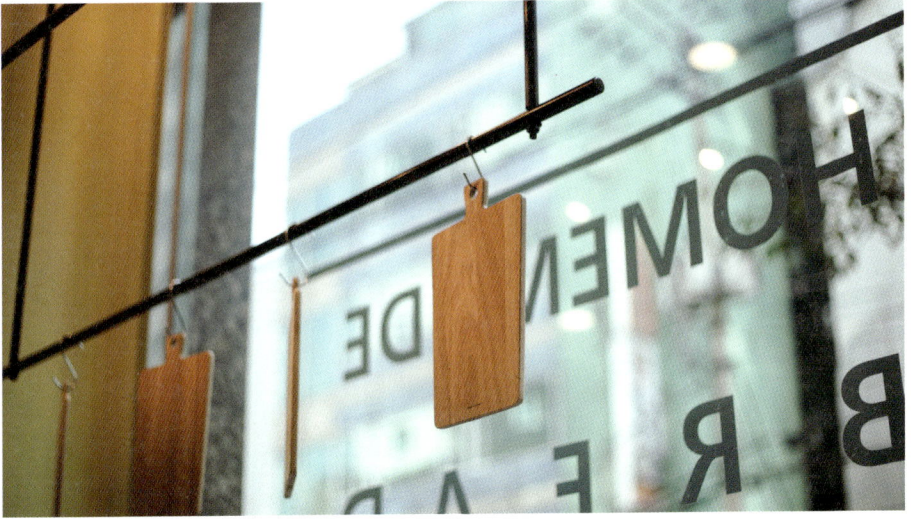

맛과 감각을 입힐 수 있기 때문이다. 젊은 사람들에게는 이미 주식으로 받아들여지는 가장 기본적인 빵, 엄마들이 아이들에게 가장 먼저 먹이기 시작하는 빵이라는 점도 마음에 들었다.

마지막 직장생활 1년은 퇴근 후 매일같이 식빵을 만들면서 보냈다. 그러던 어느 날, 내가 만든 식빵이 과연 팔릴지 시험해볼 생각에 서울 명동에서 열리는 주말 프리마켓에 참가 신청을 하고 식빵을 만들어서 가지고 나갔다.

"그날 장터에서 제 식빵이 가장 먼저 완판되었어요. 그때 만들어서 팔았던 빵이 초코식빵이에요. 지금도 우리 가게 베스트셀러죠."

자신감을 얻고 본격적인 창업 준비를 시작했다. 초기에는 뜻을 모은 창업 동료가 있었다. 직장 친구 한 명과 함께 빵을 배운 언니가 합세해 셋이서 브랜드명을 짓고 인터넷 카페도 만들며 계획을 세웠다. 부담 없이 공동출자로 가게를 차리고, 적게 벌면서도 서로 시간을 쪼개 잘 놀 수 있는 구조를 만들어보자는 심산이었다. 하지만 가게를 얻기 직전에 두 사람이 포기하면서 그녀 혼자 남았다. 이왕 작정한 일 혼자라도 해보자고 마음을 다잡고 가게를 계약하니 또 위기가 왔다. 설비공사까지 마치고 오픈 일주일을 남겨둔 상태에서 집주인이 계약 해지를 통보했다. 자신의 딸이 그 자리에서 창업을 하고 싶어 한다는 이유였다. 어처구니없었지만 부랴부랴 다른 가게를 알아보고 열흘 만에 설비와 인테리어를 옮겨 가게를 오픈했다. 어설픈 첫 창업에 성급하기 짝이 없는 결정이었으니 입지 조사를 잘했을 리 만무하다.

"가게를 열고 보니 그 골목이 한 시간에 열 명도 안 지나다니는 죽은 상권이었어요. 처음엔 당황했죠. 하지만 임대료가 쌌어요. 서울에서 1층

14평 공간에 보증금 1,000만 원, 월세 60만 원이 어디예요. 창업자금을 줄이려고 인테리어도 내 손으로 다 했는걸요. 설비비까지 합쳐서 총 3,500만 원에 내 가게를 열고 고정비도 최소화했으니 마음은 오히려 편했어요. 조용한 골목에서 공부하는 자세로 찬찬히 시작하자고 제 자신을 다독였죠."

작은 가게로 동네 단골들과 교감하며 성장

단순한 성격에 세부적인 계획도 세우지 못하고 실수로 점철된 창업 과정이었지만 돌아보면 스스로 잘한 일이 두 가지는 있다고, 조고운 씨는 자평한다. 첫째는 성공에 대한 조급함을 버리고 느긋하게 시간을 견뎌낸 마음가짐, 둘째는 타고난 성격과 10년 직장생활 덕분에 가능했던 고객과의 친밀한 소통이다.

　가게 규모가 작아도 1인 창업자의 삶은 분주할 수밖에 없다. 혼자서 빵을 굽고 팔고, 고객을 상대하고, 틈틈이 자잘한 행정 처리를 하고, 재료를 구입하고, 문을 열고 닫는 모든 일을 해내야 하므로 마음이 성급하면 금방 지친다. 초창기 조고운 씨는 하루 40~50개의 식빵을 구웠다. 혼자 만들어 팔기에 적당한 양이었지만 그것도 다 팔지 못해 저녁에 푸드뱅크로 기부하는 양이 더 많았다. 심한 날은 하루 매출이 2만 원인 적도 있었다.

　"그런 상태로 1년을 버텼어요. 하루 매출에 일희일비했다면 벌써 문을 닫았겠죠. 동네 분들이 이러다 가게 망하면 어떡하느냐고 저보다 더 걱정을 하셨어요. 맛을 이렇게 바꿔봐라, 페이스북을 해라, 간판 이름이 그게 뭐냐 빵집이 아니라 공장 같다는 둥 갖은 조언을 해주고 직접 자신의 블로그에 올려 홍보해준 분도 계세요. 그렇게 친해진 고객들에게 재료비만 받고 홈베이킹 강의도 하면서 시간을 보냈어요. 고객의 말에 귀 기울이니 빵도 점점 맛있어졌고, 멀리서 알고 찾아오는 손님도 생겨났죠."

그러다가 1년 하고도 3개월 만에 '식빵공작소'를 세상에 알린 사건이 일어난다. 불씨는 한 패션 잡지에서 지폈다. 잡지에 빵집을 소개하고 싶다며 샘플 빵을 보내달라는 연락이 왔는데 그 달에 '서울의 7대 식빵집'으로 소개되었다. 다른 여섯 곳은 그녀도 익히 아는 유명 베이커리들이다. 이게 웬일인가 알아볼 새도 없이 그 기사가 인터넷 포털사이트에 뜨며 손님이 밀려들었다. 이후로는 하루도 손님이 끊이지 않았다. 소문을 듣고 이번에는 KBS '생활의 달인' 팀에서 연락이 왔다. "이 나이에 달인이라니 말도 안 된다"며 고사했지만 청년창업에 초점을 맞춘 꼭지라며 거듭 찾아와 요청하기에 결국 출연하게 되었다.

미디어의 위력은 굉장했다. 그 뒤로 식빵이 나오는 시간마다 사람들이 줄을 서는 사태가 발생했다. 조용했던 골목이 시끌벅적해지고, 멀리서 찾아왔다가 식빵을 못 사고 돌아가는 이들도 생겼다. 얼마간은 전화 주문을 받지 않고 1인 2개 이하로만 파는 등 나름의 조치를 취해봤지만 혼자 힘으로는 해결이 안 되어 가게를 늘리고 직원을 쓰게 되었다.

"기존의 설비와 공간으로는 생산량을 늘리는 데 한계가 있어서 매장을 따로 냈어요. 본점은 설비를 늘려 빵 만드는 작업장으로 바꾸고, 판매는 매장으로 일원화해가는 중이죠. 저는 지금도 하루 종일 작업장에서 빵을 만드는데, 홈베이킹 습관 그대로 매일 반죽부터 새로 만들어 쓰기 때문에 직원 둘을 두고도 하루에 350개 이상은 만들 수 없어요. 여전히 빵을 못 사고 돌아가는 분들이 있지만 어쩔 수 없죠."

1 / 내 손맛도 돈이 될까?

식빵공작소는 다양한 재료로 맛을 낸 식빵 12종 외에도 단팥빵, 크림빵, 모닝빵 등을 판다.

식빵 전문점, 식빵공작소

홈베이킹 비법 지키며 이색 식빵 만들기에 도전

식빵공작소의 빵은 정말 '불티나게 팔린다'는 말이 실감날 정도로 팔린다.
매장 문을 닫는 시간이 저녁 9시이지만 예약된 물량을 빼고는 보통 7시면
동이 난다. 남들은 갑작스런 행운에 복 터졌다며 부러워하지만, 조고운
씨는 요즘 어느 때보다 진지하게 자신의 행복에 대해 고민하는 중이다.
'진짜 나다운 삶'을 찾아야 행복할 것 같아 창업을 했기 때문에 주변
상황이 변해도 자신을 가장 행복하게 해주었던 '느긋하게 빵 만드는'
즐거움을 포기할 수 없다는 생각이다.

그렇다면 그녀의 빵은 대체 어떻게 만들어지기에 낯선 기자의 눈에
띄어 '서울 7대 식빵'이라는 명성을 얻었을까?

"특별한 비법이랄 건 없어요. 요즘 소규모로 정성스럽게 빵을 만들어
파는 집에서는 많이 선택하는 방법일 거예요. 일단 우리집에는 3무(無)
원칙이 있는데, 인위적으로 빵의 질감을 끌어올리는 화학개량제와
방부제, 냉동 생지를 사용하지 않아요. 생지란 빵을 만들 때 베이스로
쓰는 반죽을 말해요. 대개 빵집에서는 냉동된 것을 공급받아서 쓰죠.
그리고 보통은 우유로 만든 기성버터나 마가린을 쓰지만 저는 발효버터를
사용해요. 빵에 토핑으로 얹을 때는 직접 생크림을 쳐서 만든 수제버터를
쓰고요. 발효버터는 일반 버터보다 가격이 비싸지만 빵에 특별한 풍미를
더해준답니다."

빵집에서 냉동 생지를 공급받아 쓰는 이유는 단가를 낮추기 위함도
있지만 빵의 생산 시간을 줄일 수 있기 때문이다. 그와 달리 조고운
씨는 그때그때 생반죽을 만들어 발효 후에 굽기 때문에 빵 하나가
완성되는 데 꼬박 3시간 반이 걸린다. 그러니 새벽 5시 반에 출근해서

반죽을 시작해도 9시 반은 되어야 첫 빵이 나오고, 5시 반쯤 마지막
빵이 나오기까지 쉴 틈 없이 오븐을 돌려도 하루에 겨우 350개의 식빵이
만들어지는 것이다.

생반죽에다 수제버터나 발효버터로 씹는 맛과 풍미를 끌어올린
식빵공작소의 빵들은 평소에 속이 더부룩해져서 빵을 못 먹었다는 동네
어르신들로부터도 "너네 빵은 속이 안 불편해"라는 칭찬을 듣고 있다.
동네 어른들과 아기엄마들이 특히 이 집을 신뢰하는 이유는 이곳만의
특제 발효식빵 덕분이기도 하다.

"초코식빵과 치즈식빵이 가장 많이 팔리기는 하지만 제가 내세우는
우리집 대표 메뉴는 발효식빵이에요. 지금은 백약초배기식빵이 있는데
이 식빵에는 설탕 대신에 고모가 전라도 화순에서 직접 담아온 백약초
효소가 들어가요. 몸에 좋은 백 가지 약재를 넣었다고 해서 백약초래요.
우리집에서 제일 비싼 식빵이지만 사실은 원가 책정이 어려운 빵이죠.
시중에서 파는 천연 효소는 너무 비싸서 재료로 쓸 수 없거든요. 고모가
만든 효소가 떨어지면 못 만들 테니 아마도 한정 상품이 되겠죠. 그 뒤엔
고모가 만들어둔 다른 효소로 신제품을 만들 거예요."

조고운 씨가 처음 발효식빵을 만들게 된 계기가 재미있다. 고모가
집에서 설탕 대신 쓰라며 선물한 백약초 효소를 보며 한때 TV 드라마에서
여주인공이 만들어서 성공한 고로쇠식빵이 생각났다고 한다. 그 기분으로
빵을 만들었더니 은은하게 퍼지는 백약초 향이 아주 좋았다. 하지만
효소만으로는 단맛이 잘 안 나서 콩과 팥을 넣어 지금의 빵으로 완성했다.
이렇게 새로운 식빵을 만들어 성공시키는 일이 가장 재미있고 보람도
된다는 그녀는 "신제품은 만들어서 내가 다 먹는 한이 있어도 계속

개발하고 진열해야 한다"는 소신을 갖고 있다. 적어도 세 달은 꾸준히 만들어서 진열대에 올리면 반드시 마니아층이 생기더라고 했다.

1인 창업의 핵심은 탁월한 손맛이다

조고운 씨가 회사를 그만두고 가게를 차릴 때만 해도 '식빵 전문점'은 흔치 않은 창업 아이템이었다. 하지만 요즘은 곧잘 눈에 띄고, 그녀에게 빵 만드는 법을 전수해달라는 문의도 끊이지 않는다. 그중에는 자녀를 키우고 막 창업에 눈을 돌린 40~50대 주부들, 그리고 취업 대신 창업으로 리턴을 고민하는 좌충우돌 청년들이 유난히 많다. 빵집치고는 품목이 단순하니 뚝딱 배워서 바로 문을 열 수 있겠다는 생각 때문일까?

"음식점 창업에 자격증이 필수조건은 아니지만 있는 게 좋다고 생각해요. 자격증을 따야 요리를 잘하는 건 아니지만 기본은 갖추게 되니까요. 기본기도 없이 식빵 만드는 법을 가르쳐달라고 하면 정말 답답해요. 식빵은 빵 중에서도 가장 기본인 품목인데 거기에 자신만의 색깔을 담으려면 빵 만드는 기술을 확실히 마스터하지 않고는 불가능해요."

식빵은 물론이고 베이글, 크루아상, 치즈케이크, 카스텔라 등 품목을 특화시킨 전문 베이커리의 탄생은 요즘 제빵계의 두드러진 트렌드이다. 그리고 이는 주인이자 요리사인 '오너셰프' 개인의 손맛으로 승부를 거는 1인 음식점 창업의 트렌드와도 직결되어 있다. 그동안 우리나라에는 주방을 요리사가 맡고 주인은 계산대만 책임지는 음식점이 많았지만 개성과 실력을 갖춘 젊은 창업자들이 나타나면서 일본이나 유럽에서처럼 작지만 강한 매력으로 어필하는 소형 맛집들이 느는 추세다.

식빵공작소는 그 대표적인 사례라 할 만하다.

"스스로 경영자이고 요리사이고 서비스맨인 1인 창업자는 개성 있는 손맛만이 확실한 무기예요. 그런 아이템을 갖췄다면 꼭 도전해보라고 권하고 싶어요. 가게 입지나 규모를 포기하면 저처럼 최소 비용으로도 얼마든지 창업이 가능하니까요. 하지만 자기 실력을 키우기 전에 작은 가게이니 나도 할 수 있겠다며 모방창업을 했다가는 십중팔구 실패하지 않을까 싶어요."

혼자서 모든 것을 실행하고 책임저야 하는 1인 창업자의 고달픔과 외로움은 생각보다 크다. 그러니 냉정하게 자신의 실력을 볼 것, 자신의 손맛이 삶을 편하게 만들어주기를 기대하지 말고, 자신을 진정 행복하게 해줄지 거듭 고민할 것. 조고운 씨의 조언이다. *written by* 박희선

식빵 전문점, 식빵공작소

식빵공작소's Check Point

운영 포인트
단일 아이템으로 전문성 키웠다

혼자서 음식점을 운영하려면 품목을 단순화하는 것이 유리하다. 빵집도 마찬가지. 다양한 맛 실험과 스타일링에도 관심이 많은 조고운 씨는 처음에는 타르트 전문점을 고려했다. '그릇'이라는 뜻의 타르트는 다양한 재료를 얹어 만드는 재미가 크다. 하지만 많은 사람들이 일상적으로 찾는 메뉴가 아니어서 판매에 자신이 없었다. 그에 비해 식빵은 주식으로 먹기도 하고 남녀노소 누구나 부담 없이 즐기는 기본 빵이라 맛만 확실하면 고객을 꾸준히 늘려갈 수 있다는 장점이 있다. 대중적인 빵이기에 가게 입지나 고객층을 특별히 가리지 않아도 되므로 소자본 창업에 더 유리하다.

홈베이킹 방식으로 신뢰 얻었다

조고운 씨는 지금도 집에서 만들던 방식 그대로 빵을 굽는다. 원가를 낮추기 위해 재료를 바꾸거나 첨가물을 넣어 인위적으로 품질을 높이거나 유통기간을 늘리지 않는다. 창업 초기부터 그날 만든 빵은 그날 다 팔고 남은 것은 기부하는 원칙도 고수해왔다. 그래서 식빵공작소의 빵들은 홈베이킹을 해본 사람들에게 더 인기 있다. 좋은 재료로 만든 건강한 맛, 가격에 비해 큰 빵 사이즈에 감동했다는 평이 많다.

아이템 포인트
간판 아이템 외에도 꾸준히 신 메뉴를 선보였다

식빵공작소는 기본 12종의 식빵 종수를 유지하며 주기적으로 신제품을 개발해 변화를 준다. 가장 잘 팔리는 것은 초코와 모카초코, 치즈, 블루베리 식빵이고, 우유, 버터, 잡곡, 통밀, 밤 식빵 등의 기본 라인도 계속 만든다. 이 집의 간판 메뉴인 발효식빵은 담가놓은 수제 효소의 종류별로 차례차례 선보일 예정이며, 블랙올리브, 올리브양파, 와인, 쑥 식빵 등 계절과 기분에 따라 내놓는 신제품도 있다. 꾸준히 이색 메뉴를 개발하고 선보이는 것이 전문점의 역할이며 존재 이유라고 생각하기 때문이다.

홍보 포인트

원데이 클래스 덕분에
저절로 입소문이 났다

식빵공작소가 자리 잡은 곳은 외부인의 접근이 거의 없는 오래된 동네의 후미진 골목. 동네 사람들도 거의 다니지 않는 죽은 상권에서 가게를 알리기가 쉽지 않았다. 그래서 찾아오는 고객들을 대상으로 재료비만 받고 다양한 홈베이킹 클래스를 운영했다. 가게 입지가 좋지 않은 상황에서 원데이 클래스는 창업 초기에 가게를 알리고 단골고객을 모으는 데 중요한 역할을 했다. 고객과의 접촉 기회가 많아지니 식빵 외에 케이크와 쿠키 등 수익이 큰 제품의 주문 판매도 늘어 매출에 도움이 되었다. 특히 블로그와 SNS 활용에 능한 고객이 있다면 금상첨화. 고객들이 입소문을 내는 바이럴 마케팅이 저절로 이루어진다.

식빵 전문점, 식빵공작소

미래의 먹거리 소상공인을 위한 조언

식빵 전문점은 초기 창업 자금이 부족한 분들에게 아주 좋은 아이템입니다. 많은 사람들이 주식 대용으로 즐겨 먹는 빵이기에 맛만 좋다면 입지가 썩 좋지 않아도 동네 단골들을 모을 수 있어요. 품목이 단순하니 재료도 간단하고 제품 개발에 집중하기 좋죠. 빵 굽는 기본 설비만 있으면 되니 큰 가게도 필요 없답니다. 하지만 식빵은 빵 중에서도 이윤이 가장 적은 품목이에요. 단팥빵 하나를 만드는 것보다 밀가루가 열 배는 더 필요한데 식빵 값이 그만큼 비싸지는 않잖아요. 그러니 성실하게 많이 구워서 판매량을 최대한 늘려야 가게 유지가 가능합니다.

1인 창업자라면 가게를 웬만큼 성장시킬 때까지 원데이 클래스를 해보세요. 매장에서 직접 빵 만들기를 가르친다고 하면 사람들 호응이 좋을 거예요. 자연스레 단골고객이 모이고, 그러다보면 식빵 외에도 다양한 빵을 주문받아 팔 수 있는 기회가 생기죠. 아마도 동네라면 유치원 단체간식이나 아이들 소풍, 생일잔치 등을 위한 특별한 제품 주문이 들어올 수 있을 겁니다. 그 전에 식빵 외의 다양한 제품 포트폴리오를 갖춰놓으면 도움이 되요. 일종의 주문판매 메뉴판인 거죠.

지나고 보니 창업자에게 가장 중요한 것은 마음가짐이었다는 생각도 듭니다. 장사를 하다 보면 조금 덜 팔리는 날도 있고 완전히 죽 쑤는 날도 있거든요. 빵을 잔뜩 만들어놨는데 다섯 개도 안 팔린 날도 있었어요. **이럴 때 인내든 용기든, 참고 버티는 힘이 필요합니다.**

식빵 전문점, 식빵공작소

자신감이 생겼을 때
바로 시작했습니다

홈베이킹 클래스, 루아스 마마 | 김민주

언제 시작해야 할까?

"대학시절 독학으로 베이킹을 시작했는데
재미있어서 계속 배워나갔죠.
그때는 창업까지 하게 될 줄은 몰랐습니다.
주변의 좋은 반응을 보니 자신감이 들더군요.
그래서 욕심 없이 작게
베이킹 강좌를 열었습니다. "

홈베이킹 클래스, 루아스 마마

나를 소개합니다

김민주(35)

젊어서는 취미로, 결혼 후에는 아이에게
건강한 음식을 먹이기 위해 아이싱 쿠키와
플라워 케이크, 마카롱, 에클레어 등
다양한 홈베이킹 기술을 쌓았다. 변비가
심한 아이를 위해 양갱이나 아이스크림
등 간식류도 직접 만들어 먹인다. 10여
년 전부터 독학으로 다진 베이킹 실력,
좋은 재료에 담은 엄마의 마음, 타고난
손재주와 디자인 감각이 그녀의 자산이다.

나의 브랜드를 소개합니다

루아스 마마

아이싱 쿠키, 플라워 케이크, 마카롱 등
요즘 여성들이 좋아하는 홈베이킹 강좌를
운영한다. 계절과 기념일에 맞춰 한 달
4회짜리 정기 클래스를 열고 있으며,
아이싱 쿠키 강좌가 특히 인기다. 취미로
배우는 이들뿐 아니라 강사가 되어
홈베이킹 클래스를 열고 싶은 사람들도
많이 찾아온다. 루아는 대표 김민주 씨의
딸 이름. 예쁜 아이 이름 덕분에 브랜드명도
예쁘다는 칭찬을 듣고 있다.

형태	공방(52평). 홈베이킹 클래스 운영
오픈	2012년 5월
개업 자금	약 600만 원(공방 보증금과 첫 월세)
자금 조달 방법	부모님께 빌림
주 고객층	30대 초중반의 젊은 엄마들
월 매출	500만 원

주소	인천 연수구 아트센터대로 87 커낼워크D4 오피스텔 402동 307호
전화	070-8245-7766
블로그	blog.naver.com/ruasmama

'루아스 마마'의 하루

07:00~	● 딸 유치원 보내고 출근 준비
09:00~	● 커피 한 잔 들고 동네 산책. 아이디어를 얻는 충전의 시간
10:00~	● 작업실 도착
10:30~15:00	베이킹 수업(주 3회 운영)
16:00~18:00	아이 간식 챙기기, 놀아주기
18:00~20:00	집안일 등
20:00~	● 다음 날 클래스 준비 (재료 준비 등)

작든 크든, 갖고 있는 재능으로 자립해서 살고 싶은 사람들은 대개 창업을 생각하고 적절한 때를 가늠해본다. 요즘은 취업 대신 창업으로 유턴하는 청년들이 많아 젊은 창업자가 늘고 있지만, 관건은 나이가 아니다.

창업 전문가들은 성공적인 창업을 위해 적어도 1년은 준비하라는 조언을 빼놓지 않는다. 핵심 아이템을 찾고, 자금을 모으고, 실패하지 않을 계획을 꼼꼼히 세우는 과정이 꼭 필요하다는 것이다. 그런 과정 없이 갑자기 퇴직을 하게 돼서, 당장 놓치기 아까운 창업 아이템이 생겨서, 혹은 자녀를 다 키우고 이제야 손이 비어서 부업으로 설렁설렁 시작하는 등 개인의 사정만 고려한 안일한 창업은 백전백패다.

2012년 소규모 베이킹 클래스 강사로 새 인생을 시작한 루아스 마마는 때를 잘 맞춘 창업으로 성공한 케이스다. 주부들은 보통 아이가 초등학교 고학년쯤 되면, 혹은 아이들을 대학에 보내고 나면 다시 일을 시작하겠다며 막연한 계획을 세우지만, 루아스 마마의 경우 한창 보살핌이 필요한 세 살짜리 딸아이가 있을 때 과감하게 창업에 도전했다. 적기를 놓치지 않고 육아와 병행할 수 있는 '작은 창업'의 틀을 짜 성공을 거둔 그녀의 이야기를 들어보자.

가난한 출발, 실패 없는 창업

인천 송도경제자유구역에 있는 현대적인 주상복합 건물 안, 52평 규모의 넓고 세련된 공방에서 김민주 씨를 만났다. '작은 창업'이라기엔 모든 것을 잘 갖춘 분위기. 현관을 열면 좌우로 긴 화이트 공간이 펼쳐지는데, 왼쪽의 주방과 거실을 오픈 스튜디오로 만들어 베이킹 클래스를 운영하고 오른쪽 방들은 유치원에 다니는 딸아이가 필요할 때 들러

쉬고 놀다가는 공간으로 쓴다. 하지만 3년 전 창업할 때는 사정이 전혀 달랐다고 한다.

"공방을 넓혀서 이사한 지 이제 두 달 됐어요. 처음에는 여기 절반도 안 되는 오피스텔에서, 급할 때는 아이를 데려다 놓고 잠깐 눕힐 수 있는 공간만 마련한 채 일을 했어요. 한 클래스에 4~5명이 모여 함께 베이킹을 해야 하니, 사실 이곳만 한 공간은 예전부터 필요했다고 볼 수 있죠."

루아스 마마, 그러니까 '루아 엄마'의 창업 일기는 2012년에 시작된다. 루아가 세 살 때 보증금 500만 원에 월세 48만 원인 오피스텔을 얻어서 요리 강습을 하는 서비스업으로 사업자등록을 낸 것이 출발점. 남편 혼자 버는 신혼살림에 애 하나 키우기도 빠듯해서 친정 부모님께 보증금만 빌려 시작했으니, 먹거리 관련 창업치고는 가난한 출발이었다. 다행히 10년 넘게 취미로 베이킹을 해온 덕에 온갖 장비와 조리도구를 이미 갖추고 있어 별다른 시설 투자비는 들지 않았다.

"제가 별로 배포가 크지 않아요. 지금 쓰고 있는 오븐도 굉장히 늦게 구입했어요. 전에는 아파트에 빌트인으로 달려 있던 오븐이랑 전자레인지랑 다 되는 복합기로 10년 넘게 빵을 구웠어요. 두 칸에 빵 반죽을 올리면 위의 것은 타고 아래 것은 안 익었는데 돈이 아까워서 바꾸지를 못하겠더라고요. 지금도 오븐이 하나 더 있으면 좋겠는데 잘 안 사게 돼요."

첫 공방을 계약한 날부터 부담감에 잠을 이루지 못했다는 그녀. 하지만 그런 소심함 덕분에 '100만 원만 내 손으로 벌어보자'던 창업 목표를 첫 달에 바로 달성했다. 당시 베이킹 취미를 가진 사람들 사이에서 인기 있던 플라워 케이크 수업을 기획해 예쁜 사진과 함께 블로그에 교육 일정을

올렸더니 순식간에 인원이 찼다. 첫 달 수업료로 번 돈은 160만 원. 손녀 걱정에 딸이 일하는 것을 반대하면서도 선뜻 보증금을 빌려준 아버지에게 신형 노트북을 사드리고 안정된 베이킹 강사의 삶을 시작했다.

'욕심도 덜고 기대도 덜고 경제적인 투자도 최소한으로! 다만 재밌게 일하자.' 이 모토에 충실하게 임하니 곧장 탄탄대로에 들어섰다. "육아는 내게 맡기고 애가 더 크기 전에 자리를 잡으라"는 친정엄마의 조언과 전폭적인 도움에 힘입어 초기에는 거의 일주일 내내 클래스를 운영했다. 정기 클래스를 한 달에 몇 반씩 돌리고 시즌별로 다양한 원데이 클래스를 기획해 넣었다. 눈만 뜨면 수업 아이디어가 떠오를 만큼 의욕이 '과다분비'되던 시절이었다. 그렇게 미친 듯이 일을 하니 월 매출이 1,500만 원을 넘길 때도 있었다. 갈수록 입소문이 퍼져 차로 1시간 반 거리에 있는 서울 강남권은 물론이고, 멀리 브라질에서 클래스를 예약하고 찾아온 사람도 있었다.

20대에 취미 삼아 배운 베이킹이 밑천

음식점을 차리지 않고 소규모 클래스를 운영하면 대개 비슷한 성공을 거둘까? 그렇지는 않다. 요즘 루아스 마마처럼 소규모로 클래스 강좌를 운영하는 사람이 적지 않다. 이런 종류의 창업은 개인 사업자등록을 하고 세금 신고만 성실히 하면 될 뿐 창업 절차가 까다롭지 않아서 요리든 꽃꽂이든 공예든 손재주가 있는 주부라면 누구나 한번쯤 떠올려보는 아이템이다. 그렇기 때문에 우후죽순으로 많이들 시작하고, 별다른 성과 없이 이름도 알리지 못한 채 유야무야 문을 닫는 경우 또한 많다.

그렇다면 루아스 마마의 성공 포인트는 뭘까? 앞서도 말했듯 완벽한 준비와 적절한 창업 타이밍에 그 답이 있다. 그녀처럼 부업인 듯 부업 아닌 작은 규모의 공방 창업을 할 때는 무엇보다 1인 경영자인 스스로에게 물어야 할 중요한 질문이 세 가지 있다. 첫째, 나만의 독보적인 '경쟁 불가' 아이템을 갖고 있는가. 둘째, 그 실력을 알아보고 배우고 싶어 하는 잠재 고객은 어느 정도나 있는가. 셋째, 당장 실전에 뛰어들어도 좋을 만큼 충분한 경험을 쌓았는가. 이 세 가지 질문에 자신 있게 동그라미를 칠 수 있다면, 자금이나 입지 등 물리적인 조건들은 개개인의 상황에 맞춰도 큰 상관이 없다. 그것이 바로 작은 창업의 강점이고 매력이니까.

"제가 베이킹을 독학으로 배웠거든요. 처음부터 학원에서 배웠다면 안 했을 실수를 너무 많이 했죠. 인터넷에서 레시피를 찾아 똑같이 굽는데도 돌덩어리 같은 단팥빵이 만들어지고, 케이크는 떡이 되기 일쑤고, 내 손에서 제대로 만들어질 때까지 일주일씩 매일 같은 빵을 구웠어요. 조금 무식한 방법이긴 해도 그때 훈련이 많이 된 것 같아요. 창업 전에 해야 할 실패와 실수를 모두 겪었다고 할까요."

루아스 마마의 첫 번째 강점은 뭐니뭐니 해도 오랜 베이킹 경험이다. 그녀의 히스토리를 좀 더 들어보자. 대학은 갔으나 공부가 참 싫었던 열아홉 스물 나이, 유일하게 집중을 잘하던 한 가지 취미가 베이킹이었다. 우연히 인터넷에서 레시피를 뒤적이다가 할머니께 직접 빵을 만들어드리고 싶어서 시작했고 결과는 위의 고백과 같다. 단팥빵 하나, 슈크림 하나, 파운드케이크 하나를 마스터할 때마다 수없는 실패를 겪었다. 그러다가 외국에 유학 가는 친구에게 정말 잘 만든 케이크를 선물하고 싶어서 백화점 문화센터에 등록해 무스케이크 만드는 법을 배웠다. 스물아홉에 결혼하기 전 뭐라도 하나 이뤄놓고 싶어서 제과제빵 자격증을 따기까지, 학원에서 배운 빵이라곤 그게 유일했다.

한국에서 대학을 다니다 중국으로 유학행, 유학중에 만난 남편과 10년에 걸친 연애, 번역 아르바이트는 해도 직업은 갖기 싫었던 20대 때, 그녀는 12주 코스에 250만 원이나 했던 슈가크래프트, 아는 언니를 따라 배운 비즈공예, 꽃이 좋아 무작정 등록했던 플라워스쿨 등 고액의 수업료가 들어가는 핸드메이드 취미도 다양하게 즐겼다. 뚜렷한 목표나 꿈도 없이 비싼 수업료만 뿌리고 다닌다고 부모님께 꾸중도 들었지만, 돌아보면 그때 배워둔 모든 것이 그녀만의 개성 있는 베이킹 커리어를 완성하는 데 중요한 밑천이 되었다.

"가장 도움이 컸던 수업은 루아가 젖먹이 때 배우러 다닌 월튼 데코 클래스였어요. 월튼은 제과제빵 재료를 파는 미국 회사로, 전문적인 케이크 데커레이션 클래스를 운영하는 것으로도 유명해요. 당시 국내에 브랜드 론칭을 하면서 그 수업도 오픈했는데 너무 궁금한 거예요. 고맙게도 당시 결혼도 하지 않은 여동생이 조카 돌보미를 자처하며 등을 떠밀어줬지요."

블로그 통해 실력 검증받고 창업 자신감 얻어

베이킹 경험을 다양하게 쌓은 그녀에게 창업의 자신감을 다져줄 기회가 찾아왔다. 케이크 데커레이션을 배운 후 그녀는 새로운 제빵의 세계에 접어들었다. 결혼하고 아이를 키우면서 희미해졌던 열정도 다시 생겨나 블로그를 하나 만들어 집에서 만든 케이크와 쿠키 사진을 올리기 시작했다. 만든 모양이 예쁘니 사진을 찍어 저장하고 싶은 욕심이 났다.

2 / 언제 시작해야 할까?

홈베이킹 클래스, 루아스 마마

루아가 이유식을 뗄 무렵에는 안전하게 먹일 수 있는 유기농 쿠키를 자주 만들었다. 한번은 흑임자, 깨, 통밀가루 등을 넣어서 만든 유기농 쿠키와 카스텔라 사진을 보고 모르는 사람으로부터 연락이 왔다. 루아 또래 아이를 키우는 '직장맘'이었는데, 그녀는 자신의 아이에게도 먹이고 싶으니 판매해달라고 사정을 했다. 그 후로 마카롱 사진을 보고 연락하거나, 기념일을 위한 스페셜 케이크를 만들어달라는 등의 주문이 끊이지 않았다. 한번은 가족 행사가 많은 5월을 앞두고 팥 앙금으로 장식한 카네이션 케이크를 만들어달라는 주문이 블로그에 폭주했다. 어찌된 일인가 알아보니, 지인에게 선물했던 케이크가 인터넷 커뮤니티에 공개되어 주목을 끈 모양이었다.

"난처하기도 하고 기쁘기도 했어요. 내가 만든 케이크에 기꺼이 돈을 지불하겠다는 사람이 생겨난 건 놀랍고 감사한 일이죠. 하지만 사업자도 아닌데 주문이 밀려오니까 겁이 덜컥 났어요. 그래서 다 거절했는데 얼마 후 블로그 관리업체로부터 불법영업 신고가 들어왔다는 연락이 왔어요. 오해로 빚어진 일이라 몇 장의 경위서를 쓰고 끝이 났지만 그 일을 계기로 창업을 진지하게 고민하게 됐지요. 자신감도 생겼고요."

창업을 생각하자 어린 딸 루아가 걱정되었다. 한창 엄마 손이 필요한 아이를 서운하게 하지 않으면서 일할 방법이 있을까? 장기적으로 육아와 일하는 시간의 분리는 가능할까? 불필요한 에너지를 줄이고 효율을 극대화해 일할 수 있는, 내게 맞는 조건과 틀은 무엇일까? 그런 고민 끝에 주문 처리부터 제작, 포장까지 손이 많이 가는 제조·판매업은 포기하고 작은 공방을 차려 소규모 클래스를 운영해보기로 했다. 요리 강습은 상황에 따라 횟수를 늘이거나 줄이면서 탄력적인 운영이 가능하기 때문에 육아와 병행하기에 안성맞춤인 데다, 평소 새로운 사람을 만나고 이야기하는 걸 좋아하는 성격이라 오히려 삶에 새로운 활력이 될 것 같았다.

"당시 루아 때문에 많이 고민하기는 했지만 그때 창업하기를 잘한 것 같아요. 애 먹이겠다고 거의 매일 베이킹을 하던 때였고, 그 덕분에 블로그 포스팅도 열심히 했어요. 블로그를 통해 많은 사람을 알게 되었고 가정식 베이킹에 쏟아지는 관심이나 수요, 트렌드 등도 파악할 수 있었지요. 만약에 창업하려고 일부러 정보를 찾았다면 그렇게 잘 알아보지 못했을 거예요."

희소성 높은 베이킹 아이템을 갖추다

루아스 마마의 베이킹 클래스에는 또 하나의 '잘되는' 이유가 있다. 바로 희소성 높은 베이킹 아이템을 갖췄다는 점이다. 계란흰자와 레몬즙, 슈거파우더를 적절한 농도로 배합한 아이싱 반죽으로 표면에 그림을 그리듯 꾸민 '아이싱 쿠키'가 그것인데, 국내에서 가르치는 사람이 아직 적고 그녀의 디자인이 워낙 출중하다고 소문이 나 멀리서도 찾아오는 사람이 많다.

"제 클래스 중에 가장 인기 있는 게 아이싱 쿠키예요. 아이싱 쿠키 만들기는 요리라기보다는 일종의 공예 같아요. 쿠키 자체는 만들기가 쉬운데 디자인 개발이 쉽지 않거든요. 그래서인지 제 블로그에 올라간 아이싱 쿠키 디자인을 보고 똑같이 만들어서 팔라는 문의가 정말 많아요. 그 디자인을 배우려고 찾아들 오시고요. 디자인을 전공했냐고 자주 물으시는데 전혀 아니랍니다."

홈베이킹 클래스, 루아스 마마

아이싱 쿠키는 아이싱 반죽에 슈거파우더가 많이 들어가 다른 베이킹 종류보다 맛이 단 편이지만, 그만큼 쿠키에서 단맛을 빼 먹기 좋게 밸런스를 유지했다. 특별한 기념일이나 파티를 위한 선물로, 혹은 액자에 붙여 인테리어 장식용으로도 쓰임이 확실하고 조물조물 만드는 재미가 있는 종목이다. 몇 년 전 외국에서 아이싱 쿠키를 보고 매력을 느껴 아이와 가족, 친구들을 위해 다양한 디자인을 개발해보며 실력을 키웠다. 결혼 전 베이킹뿐 아니라 여러 가지 수공예를 배우고 익혔던 게 디자인 개발에 큰 도움이 되었다.

소규모 클래스로 알음알음 운영하는 이런 사업 방식에서 성공을 위한 또 하나의 중요한 요소는 홍보다. 무엇보다 먼저 배운 사람들의 강력한 입소문이 큰 효력을 발휘한다. 요즘은 수업 공지를 위해 블로그를 운영하는 것 외에 인터넷상에서 어떤 홍보도 하고 있지 않다는 루아스 마마도 입소문의 위력을 실감하고 있다.

"홍보에 신경 쓰지 못했는데 생각보다 많이 수업을 들으러 오고, 또 좋은 평가를 해주셔서 큰 어려움 없이 여기까지 왔어요. 제 기술이나 디자인 뭐 그런 것보다는, 좀 특별한 베이킹 강좌이면서도 먹을거리 본연의 역할이랄까 임무랄까, 그런 것들을 놓치지 않은 걸 수강생 분들이 알아봐주신 게 비결인 것 같아요. 데커레이션 쿠키나 케이크는 보통 디자인에 혹해서 배우는 경우가 많은데, 우리 수강생들은 작품이 예쁜데 맛도 있어서 놀랐다고들 해요. 애초에 제가 가족이나 친구에게 선물하기 위해 베이킹을 익혔기 때문에 쿠키나 케이크의 맛이 좀 순하거든요."

그녀가 만든 케이크 시트(제누아즈)는 흔히들 만들어 사용하는 것보다 달지 않다. 케이크는 특별한 날에 어르신도 아이도 함께 먹는 음식이니만큼 당분이 적어야 한다는 생각에서 설탕 대신 당근을 넣어 단맛을 내기 때문이다. 당근으로 만든 케이크 시트는 질감이 탄탄해 상층에 플라워 데커레이션 같은 조금 무거운 장식을 올리기에도 좋다. 그녀는 또한 같은 재료라도 좋은 것을 사서 쓰고 재료의 풍미를 살려주는 밑작업에 특히 정성을 쏟는 편이다. 예를 들어 호두는 사온 그대로 쓰지 않고 끓는 물에 살짝 데친 후 오븐이나 후라이팬에 구워 말리면 풍미가 한껏 살아난다고 귀띔한다.

사랑하는 가족을 위해 쿠키와 케이크를 굽다가 당당히 창업에 성공한 루아스 마마. 그녀는 지금 한창 자랄 나이인 딸과 많은 시간을 보내기 위해 일주일에 3회, 반나절씩만 클래스를 운영하면서 평범한 샐러리맨 한 달 월급 이상의 수익을 올리고 있다. 그녀의 그늘 없는 창업 스토리 맨 첫 장에 '탄탄한 실력'과 '최적의 타이밍' 그리고 '안전한 규모'가 있었음을 꼭 기억해둘 필요가 있다. *written by* 박희선

홈베이킹 클래스. 루아스 마마

루아스 마마's Check Point

운영 포인트
**판매 없이 베이킹
강좌만 열었다**

일과 육아를 함께 하기 위해 제품 판매를 포기하고 정해진 시간에만
고효율로 일할 수 있는 클래스 운영에 집중했다. 클래스는 똑같은
커리큘럼의 정규 과정을 두지 않고 크리스마스나 명절, 가정의 달, 핼러윈,
밸런타인데이 등의 기념일에 맞춘 아이템으로 매번 다르게 구성해 한
달에 4회 운영한다. 한 달 전에 교육 내용을 미리 짜서 블로그에 공지하고
수강자를 모집하며, 30~50대의 기혼여성들이 주로 배우러 온다.

루아스 마마 클래스 엿보기

	아이싱 쿠키 (4월)	데커레이션 케이크(11월)
수업 시간	주1회, 4시간 30분~5시간	
기간	4주	
수강료	50만 원	80만 원
수업 내용		
1주	1 아이싱 반죽 만들기(시연) 2 도구 및 기본기 배우기 3 생일 관련 간단한 쿠키 만들기	1 제누아즈 굽기 및 버터크림 만들기(시연) 2 도구 이용 및 기본 테크닉 배우기 3 기본형 케이크 또는 컵케이크 만들기
2주	1 선 그리기 및 다양한 아이싱 기법 배우기 2 부활절 관련 디자인 쿠키 만들기	1 아이싱하는 법 배우기 2 크리스마스용 리스 케이크 또는 캐릭터 케이크 만들기
3주	1 아이싱 고급 기법 배우기 2 아이싱으로 꽃 짜는 법과 다양한 쿠키 만들기 3 날씨 관련 디자인의 아이싱 쿠키 만들기	1 아이싱 고급 기법 배우기 2 아이싱으로 꽃 짜는 법과 다양한 데코 테크닉 익히기 3 파티용 대형 케이크 만들기(사각형)
4주	웨딩 쿠키 세트 만들기	파티용 대형 케이크 만들기(하트형)

아이템 포인트

주력 아이템에
집중했다

작은 규모의 사업일수록 확실한 대표 아이템을 갖는 것이 중요하다.
성공한 아이템 하나가 브랜드의 이미지를 만들고 이끌어가기 때문이다.
루아스 마마의 경우 장신구처럼 예쁜 아이싱 쿠키 만들기가 주력
아이템이다. 플라워 케이크와 마카롱, 컵케이크 등도 가르치지만
유행하는 종목은 어디서나 가르치므로 브랜드를 특징화하기엔 부족하다.
그래서 국내에 가르치는 곳이 많지 않고 다양한 디자인을 어필할 수 있는
아이싱 쿠키 수업을 늘려나가며 브랜드 색깔을 만들고 있다.

홍보 포인트

고객이
또 다른 고객을
불러 왔다

혼자 창업한 사람들은 일할 시간만으로도 부족해 홍보에 큰 힘을 쓰기
어렵다. 루아스 마마도 창업 전에는 게시글을 자주 올리던 블로그를
지금은 겨우 클래스 공지만 하는 상태로 방치하고 있다. 그 반면에
수업만큼은 혼자 밤을 새서라도 충실히 준비하고, 수강생들과 함께
하는 시간도 최대한 즐겁고 의미 있게 채우려고 노력한다. 그 덕분인지
지금은 블로그를 통해서보다, 앞서 배운 사람의 소개로 새 수강생이
찾아오는 경우가 늘었다.

홈베이킹 클래스, 루아스 마마

미래의 먹거리 소상공인을 위한 조언

"요즘 창업을 위해 홈베이킹을 배운다는 사람이 많습니다. 제 클래스에
오는 분들도 대부분 창업을 생각하세요. 하지만 마음이 급해서인지 당장
유행하는 한 가지 아이템만 배우려는 경향이 강해요. 플라워 케이크만
배운다든지 마카롱만 배우려고 하든지.
베이킹의 장르가 무척 다양한데 너무 트렌드에 얽매여서 몇 가지에만
국한해 승부를 보려고 하지는 않으셨으면 좋겠어요. 유행은 결국
지나가거든요. 한때 컵케이크가 유행해서 동네마다 숍이 생겼다가 지금은
거의 사라졌잖아요. 브런치 카페, 벨기에 와플, 또 요즘 유행하는 추로스
가게까지 유행은 결국 지나갑니다. 그러니 가장 기초적인 빵부터 모든
것을 만들어보고 연습해 자신에게 맞는 스타일을 찾으세요. 제가 남들과
똑같은 플라워 케이크를 만든다면, 수강생들이 굳이 제 수업을 찾아올
이유가 없을 것 같아요. 아무런 비장의 무기가 없는데, 어떻게 어필할 수
있겠어요.
실력을 기르는 시간도 정말 중요하다고 생각합니다. 학원에서 배우는 데
그치지 말고 집에서 여러 번 만들어 보며 맛의 차이를 느껴봐야 실력이
늘어요. 아이디어를 얻기 위한 자기만의 시간도 필요해요. 저는 시간이
나면 외국 서적을 포함해 베이킹 관련 책을 많이 찾아서 봐요. 그림을
보는 것도 좋아하고 그 속에 담긴 히스토리를 듣는 것도 재미있어요. 좋은
예술작품을 보고 들으면 잔상도 길게 남고, 결과적으로 디자인 창작에도
도움이 된답니다.

홈베이킹 클래스. 루아스 마마

창업지원 프로젝트에서
1등 했습니다

식혜 온라인 숍, 고모가 만든 식혜 | 윤상훈

목돈이 없어도 창업할 수 있을까?

"사실 쇼핑몰 사업에 대해 아무것도
몰랐습니다. 우연히 공고를 보고는
이건 꼭 도전해봐야겠다고 생각했지요.
창업에 성공하든지 배움이 되든지,
둘 중 하나는 될 테니까요."

식혜 온라인 숍, 고모가 만든 식혜

나를 소개합니다
윤상훈(29)

고향에서 체육대학을 졸업했다.
재학 중에 편의점을 직접 운영하며
사업가의 꿈을 키웠다. 우수업주로
선정되어 신제품 발표회에 다니면서
지역 특산품을 브랜드로 키운 사례들을
흥미롭게 보았고, 손맛 좋은 고모와
식혜 브랜드를 만들어 팔면 좋겠다는
아이디어를 냈다.

나의 브랜드를 소개합니다
고모가 만든 식혜

정말로 '고모님이 만든' 식혜를 판다.
네이버와 정부기관 주최 창업 프로그램에
참가해 온라인 쇼핑몰 사업과 관련한
무상교육을 받고 실제로 브랜드를 개발해
네이버 오픈마켓에 입점했다. 전통 음료인
식혜를 젊은이들도 좋아하는 신개념
음료로 만들어가는 데 자부심과 사명감을
갖고 있다.

형태	작업장(60평), 온라인 숍 판매
오픈	2015년 4월
개업 자금	약 1,000만 원
자금 조달 방법	저축해둔 비상금
주요 품목	전통식혜와 다양한 맛의 과일, 채소 식혜 8종
주 고객층	생과일주스, 해독주스 등 건강 음료를 즐기는 20~50대
월 매출	800만 원 이상
주소	경남 창녕군 도천면 중앙로 35
전화	010-5826-4578
온라인 숍	storefarm.naver.com/ricepunch

돈 안 드는 창업이 어디 있겠는가만, 특히 먹거리와 관련한 창업에는
목돈이 든다. 음식을 만들어 직접 판매를 하려면 가게가 필요하고, 온라인
판매만 하더라도 일정 규모의 합법적인 제조시설을 갖추고 시작해야
하기 때문이다. 따라서 아무리 손맛과 음식 아이템이 좋으며 마케팅
아이디어가 뛰어나도, 어느 정도의 목돈이 없으면 시작조차 하기 어렵다.
지인에게 빌리거나 금융권 대출을 알아보는 것도 한 방법이겠지만 만에
하나 일이 뜻대로 풀리지 않거나 창업에 실패한다면 후유증이 훨씬
커진다.

　목돈이 없거나 부족할 때, 창업 자금 부담을 최소화하려면 어떻게 해야
할까? 멋진 사업계획서를 마련할 수 있다면 창업지원금을 노려보는 것도
한 방법이다. 요즘 정부나 지자체, 기업, 대학들에서는 다양한 창업지원
프로그램을 운영하고 있다. 다만 이런 프로그램은 단순히 개인의 성공
여부를 떠나 공공의 이익과 미래사회에 도움이 되는 아이디어에 후한
점수를 주기 때문에 요식업종은 출품 자체를 제한하는 경우도 있다.

　따라서 먹는장사로 창업지원금을 따내기란 낙타가 바늘구멍에
들어가는 것만큼이나 어려운데, 그 도전에 성공한 사람이 있다. 2015년
네이버가 정부기관과 함께 주최한 온라인 청년장사꾼 공모전 첫 회에서
당당히 대상을 차지한 '고모가 만든 식혜'의 창업자, 윤상훈 씨다.

진짜 고모가 만드는 '고모가 만든 식혜'

회사 이름부터 재밌다. '고모가 만든 식혜'라니. 엄마도 아니고 이모도
아니고 고모다. 익숙한 듯하면서 참신한, 뭔가 매력 터지는 단어 조합이다.
온라인 숍에 들어가니 팔고 있는 제품도 신선하다. 예쁜 병에 담긴 빨간

식혜, 노란 식혜, 어떤 것은 보라색도 있다. 식혜는 식혜인데 과일 맛, 채소 맛을 더한 건강하고 패셔너블한 음료들이 입보다 눈을 먼저 사로잡는다.

"우리 고모 손맛이 참 좋아요. 한때 칼국수 집을 운영하셨는데 가끔 들르면 한 잔씩 내주는 식혜가 특히 맛있었어요. 봄에 인터넷에서 우연히 네이버와 대통령직속 청년위원회가 주최하는 온라인 창업지원 프로그램 공고를 보는데 퍼뜩 고모님이 떠오르더라고요. '곧 여름인데 고모랑 식혜 브랜드를 만들어 대회에 참가하면 승산이 있겠다!' 그 길로 당장 달려가서 말씀 드렸죠. 고모, 저랑 사업 안 해보실래요?"

윤상훈 씨가 참여한 프로그램의 정식 명칭은 'e-커머스 드림' 청년장사꾼 프로젝트다(blog.naver.com/naver_seller 참조). 온라인 청년장사꾼 창업지원 프로그램으로 2015년 3월에 상반기 참가자를, 8월에 하반기 참가자를 모집했는데 윤상훈 씨는 첫 공고가 나온 상반기에 신청했다. 참가신청서와 사업계획서를 내고 예선을 통과하면 5일간 쇼핑몰 창업에 관한 집중교육을 받고 네이버 오픈마켓에 입점해 10주간 제품을 팔아보게 된다. 판매는 물론 실전이다. 이후 주최 측에서 10인의 결선 진출자를 선정해 운영 방식과 실적, 지속가능성 등을 평가해 최종 우승자를 정한다.

윤상훈 씨의 목표는 단순했다. 대상 받아서 1,000만 원 상금 타기. 이를 위해 모아둔 종자돈 1,000만 원을 먼저 쓰기로 했다. 결과가 나오기까지 어림잡아 3개월의 레이스. 조카의 열정에 고모는 일단 3개월만 도와보겠다며 나섰다. 이후 과정은 일사천리로 진행되었다. 3월 말에 예선 통과, 4월 초에 교육을 받고 당장 사업자등록 절차를 진행했다.

식혜 같은 가공식품을 만들어서 온라인 기반으로 배송 판매를 하려면

간단하게는 즉석판매제조·가공업으로 영업 허가를 받고 통신판매업
허가도 받아야 한다. 영업 허가를 위해서는 먼저 식품위생법에 따른
제조시설을 갖추는 것이 필수. 윤상훈 씨는 급한 대로 동네에 폐업해서
비어 있던 스크린골프장의 1층 약 60평 공간을 세 달만 월세 50만 원에
쓰기로 계약했다. 상권이 죽은 지방 소도시인 데다 어차피 빈 공간이라
보증금 없이 단기 계약이 가능했다. 식혜를 만들 수 있는 제조시설과 냉동
창고 등 최소한의 설비만 갖춰 곧바로 쇼핑몰 사업을 시작했다. 냉동 창고
설비를 갖추는 데 300만 원, 포장용 아이스박스 대량 구입에 300만 원,
식혜 담을 용기 대량 구입에 60만 원……. 임대료로 아꼈다 싶은 쌈짓돈이
초기 물품 대금으로 뭉텅뭉텅 빠져나가 나머지 시설은 거의 중고로
갖추고 집에서 쓰던 조리도구까지 공수해야 했다.

어른들의 음료수에서 패션 음료로 변신

"신청서를 내고 바로 제품 개발에 들어갔습니다. 사실 자신이 있었어요.
고모에게는 말 안했지만 지원업체로 선정되지 않으면 길거리에서라도
팔겠다는 각오가 있었죠. 실제로 제품이 완성된 후 시험 삼아
팔아봤어요. 창녕 부근 부곡하와이 관광지 앞에서 난전을 펼치고 한
병에 2,000원에 팔았죠. 처음엔 반응이 없더라고요. 믿을 수 있는 브랜드
제품도 아니고 누가 사겠어요? 그래서 지나가는 분께 공짜로 드리면서
시음하고 평가를 해주십사 부탁하니 그 분이 가다가 다시 와서는 한 병을
사더라고요. 진짜 맛있다고. 기뻤죠."

　처음에는 고모가 자신 있어 하는 4가지 메뉴를 준비했다. 전통 식혜와
단호박, 당근, 비트 맛 식혜다. 모두 맛도 훌륭하고 건강 음료로

손색없었다. 윤상훈 씨가 아이디어를 내 이것저것 더 만들어봤다. 특히 과일 식혜를 만들고 싶었다. 식혜라고 하면 전통 음료, 건강 음료의 이미지가 강해 '어른들의 음료수'로만 치부하는 경향이 있는데 과일 맛을 첨가하면 생과일주스나 요거트 음료, 버블티를 좋아하는 젊은 층에 어필할 수 있을 것 같았다. 다양한 재료를 넣어보며 실험과 연구를 거듭한 끝에 딸기, 생강, 토마토, 오미자 맛 식혜를 추가했다. 바나나처럼 끓이니 신맛이 나서 실패한 재료도 있고, 색깔이 예쁘게 안 나와서 상품화하지 못한 것도 있다. 결과적으로 지금 가장 잘 팔리는 메뉴는 단호박 맛과 딸기 맛이다. 단호박 맛은 남녀노소 모두가 좋아하고, 딸기 맛은 상훈 씨가 바랐던 젊은 고객들에게 특히 인기 있다.

"두 달 만에 월 매출 800만 원이 나왔어요. 고모에게 월급도 드리고 생활과 운영이 가능해졌죠. 인터넷으로 제품이 팔리기 시작하니까 어른들이 신기해했어요. 요즘에 식혜를 누가 먹느냐, 그걸 집에서 만들면 되지 사먹겠냐, 과일은 왜 넣느냐 등등 말씀도 많으셨고, 사실은 제 부모님과 고모조차 반신반의했거든요. 지금은 재료를 사러 지역 농장에 가면 사장님들이 더 반가워하세요. 지역에서 난 농산물을 포장해서 실어나가는 것만 봤지 그걸로 지역에서 제품을 만들어 파는 경우는 처음 봤다고, 기특하대요."

기특한 청년의 스토리는 3개월 뒤 화룡점정을 찍는다. 'e-커머스 드림' 대상을 거머쥔 것이다. 지역에서 이런 성과의 파장은 아주 크다. 상 받은 날 지역신문에도 크게 나고, 관공서에서 연락이 와 가보니 마을기업이나 예비사회적기업에 신청해보라며 상담을 해주었다. 지역 내 골프장과 백화점에서도 납품 문의가 들어왔다. 하지만 그런 곳에 대량 납품을

식혜 온라인 숍, 고모가 만든 식혜

'고모가 만든 식혜'를 만드는 진짜 고모님.
제품의 신선도를 지키며 유통기간을 최소화하기 위해 매일 주문을 체크해 소량씩 제작한다.

식혜 온라인 숍, 고모가 만든 식혜

하려면 업종을 식품제조·가공업으로 변경해 유통기한 인증도 정확히 받아야 하고, 설비도 확충해야 한다. 하루아침에 '벼락성공'이라도 한 듯 주변에서 쏟아지는 관심과 요구에 고모가 만든 식혜는 창업 3개월 만에 '시즌 2'를 준비할 상황이 되었다.

맛과 기획력의 성공 사례

이토록 빠른 성공 비결은 뭘까? 일단은 맛이다. 온라인을 통해 식혜를 구매한 사람들의 재구매율이 높다는 점이 이를 증명한다.

식혜 맛의 비법은 주재료를 넣는 타이밍과 양에 있다. 식혜를 만드는 기본 과정은 남다르지 않다. 쌀밥에 엿기름을 넣어 5~6시간 삭히고 엿기름을 추가해 끓이면서 주재료를 첨가하고 설탕으로 당도를 맞춘다. 이때 주재료를 넣는 시간을 잘 맞추지 않으면 예쁜 색깔이 안 나오고, 양이 달라지면 맛의 균형이 깨진다. 고모는 새 메뉴를 개발할 때마다 소량으로 100회 이상 만들어보면서 가장 완벽한 레시피를 만들어가고 있다. 요즘 사람들이 단 것을 선호하지 않으니, 달지 않으면서도 맛있게 만들려고 노력한다.

두 번째 비결로는 뛰어난 기획력을 들 수 있다. 이는 먹거리로는 좀처럼 뚫기 어렵다는 창업지원 프로그램에서 당당히 대상을 거머쥐게 된 절대 이유이기도 하다. 윤상훈 씨가 처음 기획안을 쓸 때 중점을 둔 키워드는 전통, 가족, 여름이었다. '누구나 사랑하는 전통 음료를 바탕으로 여름철 신개념 음료를 개발한다. 지역농산물을 최대한 활용해 가족이 함께 만든다.' 이처럼 감동이 있는 창업 콘셉트에 전문가의 밀착 멘토링이 더해지면서 '고모가 만든 식혜'는 점점 더 단단한 브랜딩 과정을 밟게 된다.

"지역별로 창업 멘토가 있었어요. 우리 지역은 온라인에서 가구 판매를 하는 분이셨는데, 미국에서 디자인스쿨을 나와 감각도 좋고 사업 경험도 풍부해서 제가 무언가를 결정해야 할 때마다 실질적인 도움을 주셨어요. '고모가 만든 식혜'라는 브랜드명은 제가 지었지만 정말 좋다고 하시면서 브랜드 등록부터 하게 했어요. 소창업자들은 모르거나 귀찮아서 잘 안 하는 편인데 그러다가 다른 사람이 등록해버리면 제품을 팔지 못한다고요. 병 디자인 하나까지 젊은 층의 취향에 맞춰 고르고, 대중적인 음료 제품이니 가격도 최대한 낮춰서 박리다매 전략으로 가자고 조언해 주셨죠."

윤상훈 씨는 대회가 끝나고 보니 자신이 참가한 프로그램의 가장 좋은 점은 이런 멘토링 학습이었다고 말한다. 처음 창업한 사람들이 부딪치는 많은 실패와 고난은 무경험에서 비롯되는 경우가 많다. '실패는 성공의 아버지'라고도 하고 '어떤 일에든 수업료가 필요한 셈'이라고 시니컬하게 위로하는 사람들도 있지만, 인생의 다른 기회들을 저버리고, 혹은 가진 것의 거의 전부를 걸어 창업하는 경우가 많은 만큼 시행착오를 최소화하는 것은 아주 중요하다.

가능성 큰 인터넷 시장에 눈 뜨다

제품 판매가 거의 쇼핑몰을 통해 이루어지는 만큼, 윤상훈 씨는 하루 종일 인터넷과 함께 산다. 수시로 쇼핑몰을 들여다보며 주문과 고객 문의에 대응해야 하는 데다 쇼핑몰 블로그에 자신의 업무나 소소한 일상을 적어 올리고 고객들과 SNS 소통을 하는 것으로 마케팅 활동을 대신하고 있기 때문이다. 이전에는 블로그 운영은커녕 인터넷 커뮤니티

식혜 온라인 숍, 고모가 만든 식혜

활동도 해본 적 없었지만 요즘은 스마트폰을 들고 잠들고, 일어나면
쇼핑몰 주문 창부터 확인하는 것이 일과가 되었다.

"완전히 새로운 세상을 만났습니다. 네이버 오픈마켓인 스토어팜은
블로그와 쇼핑몰이 결합된 형태예요. 고객과의 소통 마케팅을 적극적으로
할 수 있는 구조라 처음부터 그것을 잘 활용하라고 교육받아요. 한번은
대회 기간에 네이버에서 기획전 배너를 만들어 브랜드를 노출해준 적이
있는데 평소 20~30명씩 들어오던 주문이 그날 하루 400~500명으로
늘더라고요. 온라인 시장이 정말 크고 반응도 즉각적이라는 것을 체감한
순간이었죠."

그는 빠르게 온라인상의 고객들과 소통하는 법을 배워나갔다. 눈앞에
없는 고객들에게 친절과 감사를 표현하는 법, 제품의 이모저모를
지루하지 않게 알리는 법, 단골들에게 잊지 않고 말 거는 법 등을
고민하다가 유쾌한 딸기 농장 방문기를 올리고, 주문처리 실수로 빚어진
주말 직배(직접배송) 해프닝을 포스팅하고, 어느 무료한 오후에는
뜬금없이 창녕 짜장면 맛집 사진을 찍어 올렸다. 그의 아이디 '고식혜'를
기억하는 고객들은 그때마다 반갑게 반응하며 그의 씩씩한 '창업분투'를
응원했다.

일상적인 온라인 업무와 함께 윤상훈 씨가 매일 하는 중요한 일과
중 하나는 상품 포장과 배송 작업이다. 화학첨가물이 전혀 들어가지
않은 고모가 만든 식혜는 자체적으로 냉장 5일을 안전한 유통기한으로
정해놓고, 고객들에게는 고유한 맛을 잃지 않기 위해 녹은 음료를 다시
얼리지 말라고 권장하고 있다. 그래서 −42도에서 꽁꽁 얼린 제품을
아이스박스에 담아 완전히 녹기 전에 배송하는 것을 원칙으로 한다.

매일 오후에 하루 주문량을 모아 일일이 아이스박스에 담아 에어캡으로 두 번씩 감싸서 포장을 마치면 저녁 7시 반에 택배 기사가 가져가고, 다음 날에는 모두 주인의 손에 도착한다. 강력 냉동을 한 터라 대부분은 녹기 전에 도착한다. 배송지가 잘못 적히거나 배달 중에 아이스박스가 파손되면 제품을 아예 못 쓰게 되기 때문에 포장 및 송장 붙이는 작업도 꼼꼼히 하는 편이다. 그럼에도 발생할 수 있는 사고에 대처하기 위해 매일 나가는 송장 출력물과 제품 포장 상태를 빠짐없이 촬영해 보관하는 습관도 생겼다.

"온라인 택배 서비스는 정말 손이 많이 갑니다. 그 시간에 꼭 처리해야 할 것들을 처리하다 보면 하루가 눈 깜짝할 새에 지나가요. 고모는 그 시간에 주문량과 재고량을 체크하며 식혜를 만들죠. 유통기한이 짧아 한꺼번에 많이 만들면 안 되거든요."

고모에게, 가족들에게, 자기 자신에게 정말 열심히 하고 있다는 것을 보여주기 위해 대회 기간에는 집에도 안 가고 사무실에서 쪽잠을 잤다는 윤상훈 씨. 그에게는 최근 좌우명이 하나 생겼다. 티비에서 본 빵 만드는 달인이 한 말로, '자신과 타협하지 말자'는 것이다. 대회가 끝나며 멘토링도 끝이 난 지금, 그는 이제 비로소 혼자라는 생각에 비장하다. 나중에 브랜드가 크게 성장하면 유통 대기업이나 다른 식혜 제조회사와도 시장에서 맞붙는 날이 오지 않을까? 그러니 아무리 바빠도 귀찮아도, 혹은 그날 매출이 안 나와서 아주 속상한 날이라도 '이 정도면 괜찮잖아' 하고 자신과 타협하는 짓은 절대 하지 말자고 스스로를 다독인다.

written by 박희선

식혜 온라인 숍. 고모가 만든 식혜

고모가 만든 식혜's Check Point

운영 포인트
철저한 멘토링을
받아 시행착오를
줄였다

경험이 없는 창업자들에게 브랜드 운영은 매순간 불안한 선택이고 도전일 수밖에 없다. 'e-커머스 드림' 프로젝트에 참가한 특전으로 지역에서 사업 경험이 풍부한 분을 창업 멘토로 만나게 되었다. 상표 등록부터 제품 디자인과 가격 결정, 온라인 마케팅 방법, 고객 대응 매너까지 일일이 조언을 들었고, 그 덕분에 시행착오를 최소화할 수 있었다.

안심 포장과
빠른 배송으로
믿음을 주었다

유통기한이 짧은 식품의 경우, 배송이 늦어지거나 포장 상태가 나쁘면 제품 변질 등의 문제가 생길 수 있다. 식혜는 특히 변질되기 쉬운 제품. 그래서 고모가 만든 식혜는 모든 제품을 배송 직전 −42도로 강력 냉동 후 아이스박스로 안심 포장해 24시간 내에 집까지 배송한다. 그 결과, 지금까지 제품의 변질로 인한 고객 불만이 한 건도 없었다.

아이템 포인트
전통 음료에 젊은
맛과 감각을 입혔다

고리타분한 전통 음료라는 편견을 깨고 젊은 세대도 좋아할 맛과 감각적인 디자인으로 새로운 수요를 만들어냈다. 인기 있는 딸기 식혜와 단호박 식혜를 비롯해 토마토, 비트, 오미자 등 참신한 재료들로 새로운 맛과 보기 좋은 색깔까지 잡아낸 것이 포인트. 이 식혜의 경쟁 상대는 다른 식혜 제품이 아닌 커피, 과일주스, 버블티 등 '젊은 음료'들이다.

홍보 포인트
블로그와 SNS
활동에 주력했다

윤상훈 씨는 매일 한 건이라도 쇼핑몰 블로그나 SNS에 글을 올리려고 노력한다. 소소한 창업 일기를 올리거나, 정 올릴 게 없으면 그날 먹은 짜장면 사진이라도 찍어 올린다. 서툴지만 정감 있는 그의 활동에 SNS 친구 등록을 하는 고객들이 점점 늘어나 결과적으로 훌륭한 바이럴 마케팅 효과로 이어지고 있다.

미래의 먹거리 소상공인을 위한 조언

"자금을 충분히 갖고 창업하는 청년들이 얼마나 있겠습니까. 돈이 없다고 포기하지 마시고 다양한 지원 프로그램을 찾아서 도전해보세요. 요즘은 정부와 지자체, 기업 차원에서 정말 다양한 창업지원 프로그램을 운영하고 있습니다.

제가 경험한 'e-커머스 드림' 청년장사꾼 프로젝트는 상금도 상금이지만 네이버에서 진행하는 쇼핑몰 창업 관련 교육과 1:1 멘토링 특전이 정말 유익합니다. 초보 창업자라면 시행착오를 줄이는 데 큰 도움이 될 것입니다. 인천 지역에는 온라인 보부상을 키우는 '인상 프로젝트'라고 중국 최대 쇼핑몰인 타오바오에 입점해 장사하는 방법을 알려주는 프로그램도 있더군요. 정보화 시대라지만 이렇게 좋은 정보들을 잘 알고 활용하는 사람이 많지 않습니다. 안전한 창업을 원한다면 좀 더 적극적인 정보 사냥꾼이 되어보세요.

그리고 100원도 없이 창업할 수 있는 기회란 없습니다. 세상을 바꿀 엄청나게 특별한 아이디어를 갖고 있지 않다면 최소한의 창업비용은 마련해두세요. 꿈을 위해 저축하라! 이게 제가 예비 청년 창업가들에게 드리고 싶은 마지막 조언입니다.

식혜 온라인 숍, 고모가 만든 식혜

지새운 밤과 정성을
브랜드에 담았습니다

곡물잼과 스위츠, 지새우고 | 백모란, 백수련

브랜드는 어떻게 만들어야 할까?

"슬로푸드라는 아이템의 특장점과

20~30대 젊은 여성들의 섬세한 취향을 고려해

'지새우고'라는 이름을 붙였어요.

곡물로 잼을 만들기 위해 밤을 지새우며 쏟은

정성과 노력을 이름에 담고 싶었거든요."

곡물잼과 스위츠, 지새우고

나를 소개합니다

백모란(31)

전남 순천에서 농사 짓는 외할머니와
온종일 부엌을 떠나지 않은 엄마 덕에
성장기 내내 풍요로운 식탁을 누렸다.
대학 졸업 후 방과후교사와 직장인으로
생활했는데, 동생과 같이 자취하면서
시골에서 보내온 좋은 재료로 요리하는
재미에 빠져 창업까지 하게 됐다.

백수련(27)

예술경영을 전공하던 대학시절
우연히 들른 서울 혜화동 도시형
농부시장 마르쉐에 매료되어
'나만의 브랜드'를 꿈꾸기 시작했다.
언니 백모란과 함께 곡물잼 메뉴를
개발하고 브랜드 이름과 로고, 제품
용기까지 갖춰 '지새우고'라는
브랜딩을 완료 후 마르쉐에 나갔고
2년 뒤 서울 망원동에 가게를 냈다.

나의 브랜드를 소개합니다

지새우고

팥, 흑임자, 완두콩 등 외할머니가 키운
곡물로 만든 잼과, 그 곡물잼을 기반으로
한 티라미슈, 양갱, 쿠키 등 디저트류를
선보인다. 곡물잼은 수많은 밤을 지새우며
만든 '착한 단맛'이 특징이다. 지새우고의
현대식 곡물잼은 20~30대의 섬세한
미감과 감성을 자극하며 인기를 모으고
있다.

형태	매장(약 6평), 오프라인 판매
오픈	2015년 2월
개업 자금	약 2,000만 원
조달 방법	저축한 돈+창업지원금
주 고객층	20~30대 젊은 여성
월 매출	500만 원 이상
주소	서울 마포구 망원로 2길 103
전화	010-4009-1433

'지새우고' 대표 백모란,
백수련 씨(왼쪽부터) 자매.

'지새우고'의 하루

11:00	영업 시작, 곡물 재료 손질
12:00~14:00	잼, 케이크류 만들기
15:00	주방 정리, 식사
16:00~17:00	온라인 홍보
20:00	영업 마감

어떤 먹는장사는 음식만큼이나 상호가 중요하다. 음식이 맛있어 이름이 알려지기도 하지만 반대로 상호에 끌려 음식을 택하는 경우도 얼마든지 있다. 그렇기에 식당이든 매장이든 나만의 브랜드를 준비하는 사람에게 이름 짓기는 가장 중요한 숙제 중 하나다. 사람들의 욕망과 입맛이 세분화되고 다양한 형태의 온·오프라인 상점들이 생겨나는, 요즘 같은 다경쟁구도에서는 더욱 그렇다.

곡물잼과 스위츠 브랜드 지새우고를 론칭한 젊은 창업자 백모란, 백수련 자매는 브랜드 구축에 각별히 공을 들였다. 메뉴를 개발하며 동시에 브랜드명을 고심했다. 제품의 특장점이 드러날 것, 주요 고객층의 취향을 고려할 것, 발음이 쉽고 세련될 것, 한번 들으면 쉽게 기억할 수 있을 것……. 몇 가지 원칙을 세웠다. 여기에 두 사람의 요리에 대한 태도와 철학을 더해 지새우고라는 브랜드가 탄생했다. 지새우고를 한 줄 문장으로 표현하면 다음과 같다.

'뜨거운 태양에 차오르는 낱알, 자연이 키운 곡물로 서서히 느릿하게 만듭니다.'

20~30대 여성을 겨냥한 감각적인 브랜딩

"잼을 만들 때는 펙틴이라는 응고제를 넣으면 쉽거든요. 10분 만에 끈적한 형태로 변해요. 그런 첨가물 없이 할머니가 키운 곡물로 건강한 잼을 만들고 싶은데, 그러려면 오랫동안 졸여야 해요. 할머니가 농사를 짓는 시간도 오래 걸리고, 그 작물의 밑손질도 오래 걸리고, 잼으로 만드는 데도 시간이 걸리잖아요. 전체적으로 보니까 정성스럽고 시간이 필요한 작업이더라고요. 그래서 '시간'이라는 키워드를 따고 시간의 흐름을 나타내는 단어를 찾았지요."

수련 씨의 설명이다. 지새우니, 지새우리, 지새우다, 지새우고. 그중에 어감이 가장 좋은 것을 골랐다. 이는 브랜드 이름이면서 두 자매가 창업에 이르기까지 누대에 걸친 삶의 내력을 고스란히 담아낸 단어이기도 하다.

외할머니가 전남 순천에서 농사를 짓는다. 판매 목적이 아닌 자급자족을 위한 다품종 소량생산이다. 할머니가 정성 다해 길러 보내는 온갖 농작물로 어머니는 나물, 김치 같은 기본 반찬부터 단팥죽 같은 별식까지 다양한 음식을 만들어주곤 했다. '새벽부터 밤까지 늘 가스불에서 음식이 끓고 있는 집'에서 자란 두 딸은 대학생이 되어 서울에서 자취를 하며 요리를 시작했다. 거의 모든 음식을 해먹었는데, 빵은 물론 버터나 잼까지 직접 만들었다. 천연 재료의 순한 음식에 길들여진 그들에게 외식이나 인스턴트 제품은 입에 맞지 않았다.

그렇게 까다롭고 섬세한 입맛을 가진 자매는 어느 날 혜화동에서 열리는 '마르쉐'에 들른다. 마르쉐는 농부가 직접 기른 농산물, 수공예품, 요리를 갖고 나와서 판매하는 도시형 농부장터다. '자신을 나타낼 수 있는 무언가를 손으로 만드는 것'에 관심이 컸던 수련 씨는 마르쉐에 첫걸음을 하자마자 단숨에 매료됐다. 그곳에는 대량생산되는 획일적인 상품들이 아니라 주인장의 개성이 드러나는 신선한 농산물, 특색 있는 수공예품과 먹거리가 가득했다.

"분위기가 좋았어요. 나도 참가해야겠다는 결심이 섰죠. 외할머니 조청에서 힌트를 얻어서 아이템을 곡물잼으로 정했어요. 조청을 보면 신기했거든요. 어떻게 설탕을 안 넣고 곡물을 졸이고 졸여서 단맛을

낼까? 이런 게 착한 단맛 아닌가? 설탕이 아닌 천연의 재료로 건강한 단맛을 내면 몸에도 좋고 케이크나 마카롱 같이 단것을 좋아하는 우리 또래의 입맛에도 맞고 괜찮겠다 싶었죠. 조청을 쉽고 현대적으로 풀어보고 싶었습니다."

곡물잼 들고 도시형 농부장터 마르쉐 참가

두 자매의 창업 실험무대, 마르쉐 참가를 위한 프로젝트가 시작됐다. 판매 품목은 외할머니가 키운 땅콩이랑 팥으로 만든 곡물잼. 직장에 다니던 모란 씨는 퇴근 후나 주말에 짬짬이 곡물잼을 만들어서 동생에게 먹여보고 반응에 따라 레시피를 바꿔 보면서 거듭 개량한 끝에 두 가지 잼을 각 10병씩 만들었다. 언니가 메뉴를 개발하는 동안 수련 씨는 브랜딩 작업에 매진했다.

슬로푸드라는 아이템의 특장점을 표현하고, 마르쉐를 이용하는 20~30대 젊은 여성의 섬세한 취향을 고려하여 '지새우고'라는 이름을 지었다. 디자인은 시각디자인을 전공한 대학 동기에게 부탁했다. 디자이너는 까만 밤을 숱하게 지새워서 만든다는 의미를 담아, 보름달에서 초승달로 변하는 이미지로 지새우고를 시각화했다. 단아한 서체도 따로 만들어, 세상에 하나 뿐인 '곡물잼'의 고유성과 상품 가치를 표현했다.

"마르쉐에 참가할 때 꼭 브랜드가 있어야하는 건 아닌데 저희는 장기적으로 봤어요. 애초부터 나만의 브랜드를 갖고 싶었고, 장터에만 나가는 게 아니라 나중에 독자적인 매장을 운영할 것까지 염두에 두었죠. 브랜딩 작업과 가격 책정까지, 판매의 지속성을 고려했습니다."

잼을 담는 병도 브랜딩의 중요한 요소다. 자매는 종로5가 방산시장부터 남대문시장까지 돌아다니면서 어울리는 잼 병을 찾았다. 황금색 뚜껑의 유리병은 어디서나 팔았지만 검은색 뚜껑은 그때만 해도 흔치 않아서 겨우 찾아냈다. 왜 검은색을 고집했는가. 수묵화처럼 은은한 빛깔의 곡물잼과 잘 어울리는데다가 흔하지 않은 고급 수제잼이라는 특징을 표현하기 위해서였다. 사소한 디테일 하나하나가 모여 브랜드 이미지가 형성되는 것이기에 어느 것 하나 소홀히 할 수 없었다.

2013년 4월 두 자매는 지새우고라는 브랜드를 달고 판매자로 마르쉐에 참가했다. 첫 매출은 40만 원 정도. 월 1회 열리는 마르쉐에 꼬박꼬박 참가하며 매달 매출이 늘었다. 그해 겨울 매출은 100만 원을 넘어섰다. 전월 대비 매출이 떨어진 적이 없고, 매달 완만한 상승세를 보이자 두 자매에게 자신감이 생겼다. 지새우고의 맛과 가치를 알아주고 다시 찾는 사람들에게 더 나은, 더 많은 제품으로 보답해야겠다는 생각이 들었다.

곡물잼 디저트 개발로 브랜드 인지도 제고

2014년 새해가 밝아오자 모란 씨는 회사를 그만두고 지새우고의 다른 제품을 개발하기 시작했다. 대학 졸업 후 문화예술기관에서 일하며 짬짬이 지새우고를 운영하던 수련 씨도 반 년 만에 직장을 그만뒀다.

"내 브랜드에 대한 애착이 좀 커졌어요. 지새우고는 내가 노력하는 만큼 성과가 나오고 인정받을 수 있는, 삶의 자극 같은 거예요. 물론 소홀해도 티가 나지만, 뿌린 대로 거둘 수 있다는 점 때문에 제대로 시간과 노력을 다해 잘해보고 싶었어요."

곡물잼과 스위츠, 지새우고

팥, 땅콩 두 가지로 시작한 지새우고의 곡물잼은 완두, 메주콩, 흑임자를 더해 5가지로 늘었다. 재료는 거의 외할머니로부터 구입하고 간혹 없을 경우 청량리 경동시장에서 사기도 한다.

곡물은 알맹이를 손으로 직접 골라내어 껍질의 텁텁한 맛을 제거한 후 볶기 등 밑손질을 거치고 오랜 시간 졸여낸다. 설탕을 아예 안 쓰는 건 아니다. 끈끈한 형태와 보존을 위해 소량의 설탕을 넣는다. 원료가 100이면 설탕이 10~30 정도. 시중의 잼이 원료와 설탕 1:1의 비율로 만들어지는 것에 비하면 상당히 적은 양이다. 그만큼 곡물 자체의 단맛을 살린다는 뜻이다.

이렇게 농부와 자연의 수고로움을 되새기며 첨가물을 최소화해 착하게 만든 잼의 값은 160밀리미터 한 병에 1만2,000~1만5,000원이다. 원가와 조리 시간, 방법 등을 고려해 매긴 가격이다. 그 가치를 알아보고 잼을 사간 고객은 대개 단골이 되지만, 처음 보고 비싸다는 반응을 보이는 고객도 적지 않다. 그래서 모란, 수련 씨는 곡물잼을 활용한 5,000원대 디저트 제품을 개발했다. 고객들이 부담 없는 가격에 곡물잼을 음미해볼 수 있도록 하기 위해서다. 예컨대 단팥티라미슈에는 '단팥잼'을, 흑임자케이크에는 '흑임자잼'을, 다쿠아즈에는 '땅콩잼'을 넣었다. 곡물 베이스의 착한 단맛이 담긴 이 제품들은 어느 유명 제과점의 서양식 디저트류와 구분이 가지 않을 정도로 예쁜 색과 모양으로 유혹한다. 실제로 이 디저트 제품들은 지새우고 주요 고객인 20~30대 여성들로부터 큰 인기를 얻고 있다. 제품의 가격대 및 종류를 다양화해 안정적 매출 확보의 기반을 마련하게 된 것이다.

도시형 농부장터 '마르쉐@'이란?

'마르쉐@'이라 쓰고 '마르쉐 앳'이라 읽는다. 예를 들어 '마르쉐@혜화'는 혜화에서 열리는 마르쉐 장터를 말한다. 마르쉐@은 '믿을 만한 농산물과 음식을 사고파는 장터, 그럼으로써 지속 가능한 세상을 만드는 데 기여하는 장터'라는 취지로 2012년 10월 출범했다. 서울 대학로(혜화)에서 첫 장터를 열었지만 지금은 혜화, 명동, 양재에서 한 달에 두 번씩(두 번째 일요일, 네 번째 토요일) 열릴 만큼 규모가 커졌다.

장터에는 △농부팀 △요리팀 △수공예팀이 판매자로 나선다. 마르쉐@의 판매자가 되려면 일정한 심사 절차를 통과해야 한다. 생산자와 소비자의 소통, 그리고 이를 통한 관계 맺기를 최우선 가치로 여기는 만큼 자기 얘기를 잘 풀어내고 들려줄 수 있는 사람을 뽑는다. 판매자들은 물건이 다 팔려도 철시하지 않고 끝까지 남아 소비자들과 대화를 나눈다. 입점한 이들끼리의 교류도 활발하다. 마르쉐@을 '대화하는 농부시장'으로 부르는 것도 그 때문이다.

입점 팀의 참가비는 1만 원. 당일 매출이 10만 원을 초과하면 초과 금액의 10%를 지속가능기금으로 걷는다. 일회용품을 쓰지 않는 게 원칙이어서 장바구니는 물론 개인용 텀블러, 그릇 등을 가져와 물건을 담아가는 소비자들을 흔히 볼 수 있다. 장이 서는 동안 아티스트의 공연이 열리는 등 즐길 거리도 많다. 대안적 소비 방식과 먹거리, 수공예품의 트렌드를 한눈에 살펴볼 수 있는 곳이다.

마르쉐@ 홈페이지 www.marcheat.net

청년창업지원금 보태 오프라인 매장을 내다

마르쉐 참가 2년, 실험무대를 통과한 뒤 정식 매장을 냈다. 2015년 2월 28일 서울 마포구 망원동에 작업장 겸 매장을 오픈한 것이다. 마르쉐의 주문량이 늘면서 별도의 작업 공간이자 제품 연구 공간이 필요해졌는데, 자금 사정이 넉넉지 않아 엄두를 못 내다가 서울시 청년창업지원 프로그램에 선정돼 500만 원을 지원받은 덕분이다.

곡물잼과 스위츠. 지새우고

4 / 브랜드는 어떻게 만들어야 할까?

'지새우고'라는 단아한 글씨와 밤을 지새워 정성껏 만든다는 의미를 담은 달 로고가 눈길을 끈다.
브랜드 이름에서부터 용기, 스티커 등 포장까지,
세상에 하나뿐인 곡물잼의 고유성과 상품성을 담으려 노력했다.

곡물잼과 스위츠, 지새우고

"서울시창업센터에서 일하는 친구가 알려줬어요. 매년 8월에 공모가 뜨는데 한번 넣어보라고. 또 언니가 다니던 회사가 사회적기업이라서 그쪽 정보에 밝은 편이었죠. 우리가 활용할 수 있는 지원 프로그램을 찾기 위해 서울시나 공공기관 홈페이지에 자주 들어가 보면서 기회가 오길 기다렸어요."

마르쉐에서 남은 수익금과 직장을 다니며 저축한 돈을 합하여 보증금 1,000만 원짜리 공간을 구했다. 원래 떡볶이집이 있던 곳이라 가스, 전기, 수도 시설이 되어 있어 설비비는 거의 들지 않았다. 인테리어 공사는 건축일 하는 삼촌이 도와줬다. 천장과 바닥, 싱크대를 새로 하고 페인트는 직접 칠했다. 보증금까지 총 2,000만 원으로 6평짜리 아담한 매장이 생겼다.

"주요 고객은 20~30대 여성들이에요. 패키지 디자인이 예쁘니까 젊은 여성들의 눈에 잘 띄는가 봐요. 후기 찾아보면 맛집 탐험 다니는 분들, 마르쉐 같은 플리마켓 좋아하는 분들, 건강식 찾아서 먹는 주부들, 요리 좋아하는 분들이 대부분이에요. 팥양갱 같은 건 전통적으로 어르신들의 간식이지만 지새우고에서는 젊은 층이 구매해요."

지새우고의 주요 홍보수단은 SNS

타깃 층에 어울리게, 지새우고의 주요 홍보수단은 SNS다. 페이스북, 인스타그램에 제품 사진을 꾸준히 올리면서 브랜드를 알리고 있다. 입소문의 위력일까. 대형 백화점에서 입점 의뢰가 온 적도 있다. 두 자매는 "큰 유통업체의 시스템 속으로 들어가야 할지 판단이 서지 않았고, 납품을 하려면 매장을 거의 공장처럼 돌려야 하기 때문에 고사했다"고 한다. 백모란 씨는 그간의 경험으로 볼 때 '어느 매장에 입점하느냐'보다 '얼마나 다양한 제품을 내놓느냐'가 매출에 더 영향을 미치는 것 같다고 말한다. 그래서 곡물의 종류는 다양하니까 들깨잼, 현미잼 등 신제품을 꾸준히 개발할 예정이라고.

"사람들이 처음엔 놀라요. '곡물로 잼이 돼?' 맛을 보고 나면 신기하다, 맛있다, 재미있다고들 해요. 그럴 때 보람 느끼죠. 흑임자잼, 땅콩잼은 있지만 곡물잼 라인은 시중에 없거든요. 더 다양하고 치밀하게 만들려고 해요. 앞으로의 목표는 세상에 하나뿐인 곡물잼&스위츠 라인 지새우고를 계속 이끌어가는 겁니다."

'우리가 파는 건 바로 이것'이라는 자신감과 소신이 있을 때, 브랜드는 성장의 동력을 얻고 소비자의 마음을 두드린다. 고객이 원하는 건 음식의 맛만이 아니라 브랜드에 깃든 판매자의 철학이기도 하다는 것을, 지새우고의 두 자매는 보여주고 있다. *written by* 은유

지새우고's Check Point

아이템 포인트
외할머니가
키운 곡물로
착한 단맛을 냈다

외할머니가 키운 곡물이라는 서정적이면서도 믿을 만한 재료를 활용해 '곡물잼'이라는 흔하지 않은 아이템으로 개발했다. 팥, 흑임자, 들깨, 현미 등 곡물의 종류가 다양한 만큼 새로운 품목으로 개발할 여지가 많다. 시중에서 판매하는 과일잼의 재료와 설탕이 1:1 비율이라면 지새우고의 곡물잼은 재료와 설탕 비율이 1:0.3 정도. 설탕을 적게 넣고 곡물 천연의 맛을 살린 착한 단맛이 특징이다.

홍보 포인트
제품과 함께
시를 전하며 소통했다

'지새우고 시 읽는 밤—지극히 주관적인 견해로 한 달에 한 번씩 마음에 머물러 있는 시 한 편을 전해드립니다. 달콤한 밤 지새우시길.' 평소 시를 좋아하는 백수련 씨 아이디어로, 매달 시 한 편을 골라서 종이에 인쇄한 후 제품과 함께 고객에게 전한다. 고객과 감성의 결을 맞추면서 '지새우고' 브랜드의 인지도를 높이는 것이다. "제품을 샀더니 시를 주더라. 나중에는 시를 읽고 싶어서 이왕이면 지새우고의 제품을 골랐다"는 고객이 있을 만큼 반응이 좋다.

4 / 브랜드는 어떻게 만들어야 할까?

미래의 먹거리 소상공인을 위한 조언

창업은 단계별로 준비하는 게 더 안전하다고 봅니다. 마르쉐에 참가해서 시장의 반응을 보고 자신감을 얻어 작업실까지 열게 됐어요. 마르쉐는 처음에 잼 한두 개로 참가했고 차차 종류를 늘려나갔어요. 소자본 창업일수록 무리하지 않는 선에서 할 수 있는 만큼만 하는 것이 중요해요. 무리하게 대출을 받아서 시작하면 판매 실적에 지나치게 일희일비하게 되고 이자 부담에 마음이 조급해지죠. 경제적인 문제는 곧 심리적인 문제가 되기 때문에, 좋아하는 일을 하면서도 기쁘지 않게 돼요. 다 행복하자고 하는 일인데 말이에요.

잘될 거라는 막연한 희망보다 구체적인 계획이 필요해요. 제품, 홍보, 마케팅, 운영 등 분야별로 꼼꼼히 해야 할 일을 체크하고 실행에 옮겨야합니다. 동업자가 있다면 각자 전담 분야를 나눠 맡는 게 효율적이에요. 한 사람은 제품을 만들고 한 사람은 홍보와 재무 매출 관리 등 운영을 맡는다거나 그렇게요.

동업자끼리는 서로 대화를 많이 하는 것도 중요합니다. 우리는 지새우고라는 이름을 정할 때부터 정말 많은 이야기를 나누었어요. 왜 하는지, 어떻게 운영할 건지, 뜻이 맞아야 다투지 않고 서로 격려하면서 즐겁게 일할 수 있기 때문입니다.

곡물잼과 스위츠, 지새우고

지역 커뮤니티에서 '홍보'보다는 '소통'했습니다

견과류 강정과 떡, 그래바&그래떡 | 김세인, 김연화

어떻게 홍보해야 할까?

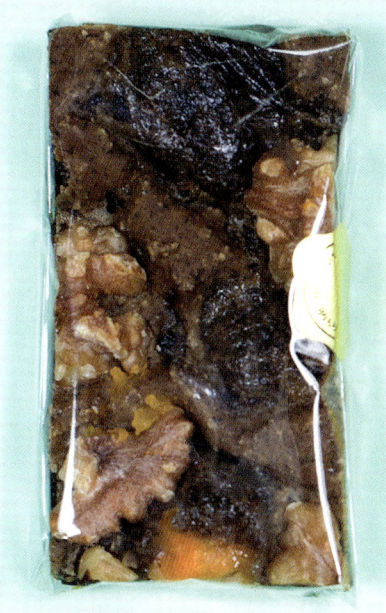

그래바
& 그래떡
010-8184-8466

http://blog.naver.com/dein1303

"판매자가 되기 이전부터 활동하던 인터넷
지역 카페를 통해 제품을 알려 나갔습니다.
평소 하던 대로 일상 글을 꾸준히 올리고
홍보는 최소한만 했죠. 중요한 건 홍보보다
품질 같아요. 그래바, 그래떡을 먹어본 분들이
칭찬 글을 많이 올려준 게 큰 힘이 됐습니다."

견과류 강정과 떡, 그래바&그래떡

나를 소개합니다
김세인(45)
───────────

어려서부터 밥하는 엄마 옆에서
간을 볼 만큼 요리에 관심이 많았고,
대학을 졸업한 뒤 한 패밀리레스토랑의
관리직으로 근무하다가 결혼 후
전업주부가 되어 좋아하는 요리를 마음껏
하기 시작했다. 그동안 한식, 양식, 중식,
제과, 제빵 자격증을 땄다.

김연화(42)
───────────

종갓집 맏며느리로서 손님맞이할
일이 많아 요리를 배우기 시작했다.
한식, 제과, 제빵 자격증을 갖고 있다.
손맛도 손맛이지만 완벽주의적인
성격이 음식을 만드는 데에서도
드러난다. 제품의 품질 관리,
청결 위생 관리에도 자신 있다.

나의 브랜드를 소개합니다
그래바&그래떡
───────────

호두, 해바라기씨 등 견과류를 듬뿍
넣은 강정이 그래바, 찹쌀가루와 우유,
견과류로 만든 구운 떡이 그래떡이다.
호두를 유탕 처리한 그래호두도 인기다.
그래바&그래떡이라는 이름에는 '그래!
좋아!' '그래! 바로 이거야!'라는 긍정의
의미와 격려의 마음을 담았다. 드라마
'미생' 전에 지은 이름이지만 주인공
'장그래' 덕분에 쉽게 기억하는 고객이
늘었다.

형태	작업장(17평). 온·오프라인 판매
오픈	2013년 9월
개업 자금	약 3,600만 원
자금 조달 방법	저축해둔 비상금
주 고객층	20~50대 주부들
월 매출	700만 원 이상

주소	경기도 김포시 봉화로 167번길 35-29
전화	010-8784-8466
블로그	blog.naver.com/sein1303

'그래바&그래떡' 대표 김연화,
김세인 씨(왼쪽부터).

어떤 창업이든 마찬가지겠지만 먹거리 창업에서 중요한 두 가지가 있다. 아이템 개발과 판로 개척이다. 아무리 음식 맛이 좋아도 알려지지 않으면 팔 수 없는 노릇. 대형 프랜차이즈 업체가 유명 연예인을 동원해 브랜드 알리기에 주력하는 것만 보아도 판로 개척에서 홍보가 차지하는 비중이 얼마나 큰지 가늠할 수 있을 것이다.

손맛 하나로 승부하려는, 자금력에 한계가 있는 소자본 창업자는 어떻게 홍보해야 할까. 블로그나 인터넷 카페, 페이스북 같은 SNS의 활용이 가장 시도해 볼 만한 홍보 방법이 될 것이다. 요즘은 육아 고민부터 요리 레시피에 이르기까지 친정엄마가 아닌 인터넷을 살펴 해결하는 시대다. 생활의 최전선을 살아가는 깐깐한 엄마들의 입소문은 더욱 위력적이다. 바꿔 말하면 손맛 좋은 평범한 주부가 작은 창업의 가능성을 살피기에도, 큰 돈 안 들이고 홍보하기에도 좋은 지대가 인터넷에 있다는 얘기. 경기도 김포시의 유명 먹거리 '그래바&그래떡'의 창업 스토리에서도 지역 인터넷 커뮤니티 이야기가 빠지지 않는다.

팔아달라는 이웃의 성화에 등 떠밀리다

그래바&그래떡의 공동대표 김세인, 김연화 씨는 대단지 아파트에서 앞치마를 두르고 남편과 아이들을 위한 음식을 만드는 평범한 주부였다. 각자 요리에 대한 필요와 열정을 품은 그들이 만난 곳은 '손님상차림 요리교실'. 공통의 관심사로 자연스레 가까워진 두 사람은 이후에도 떡 만들기, 베이커리, 샌드위치 만들기 등 다양한 요리 과정을 함께 수료했다. 그렇게 수년간 같은 요리교실을 다녔던 그들이 이제 동업자이자 나란히 출퇴근하는 둘도 없는 동료가 되었다.

"우연히 아는 분이 만든 강정을 먹어봤어요. 쌀과자랑 튀밥이랑 깨강정을 만들었는데 특이하게 견과류를 넣었더군요. '아, 견과류 몸에 좋은 건데' 싶어 인상적이었죠. 그런데 세인 언니를 만나 그 강정 맛을 보여줬더니 맛이 너무 텁텁하다고 해요. 그러면서 우리가 더 맛있게 만들어보자, 하더라고요."

누가 시킨 일도 아닌데 이상하게 의욕이 솟았다. 이에 달라붙지 않으면서 너무 달지도 않고 씹는 맛도 좋은 견과류 강정이라면 아이들과 남편, 부모님까지 온가족이 두루 먹을 수 있을 것 같았다. 시럽의 양을 조절하고 견과류 종류와 비율을 달리하며 삼사일을 매달려 마음에 드는 레시피를 얻었다.

요리를 만들면 늘 그래왔듯 두 사람은 이웃에게 인심 좋게 나누어주었다. 맛을 본 사람들이 이구동성으로 "맛있다", "또 먹고 싶다"고 감탄했다. 동네 엄마들이 아이들 선생님에게 선물하고 싶다며 재료비를 줄 테니 만들어달라고 부탁해왔다. 명절에는 어른들 선물용으로 만들어달라는 요청도 받았다. 명색이 선물용인데 그냥 줄 수 없어 하나씩 낱개로 비닐에 넣어 예쁜 상자에 담았더니 어디 내놓아도 손색없는 상품처럼 보였다. 세상에 하나밖에 없는 견과류 강정을 선물 받은 사람들은 또 물어물어 연락을 해왔다. "이거 어떻게 살 수 있어요?" 평소 알고 지내는 이웃이 아닌 모르는 사람들까지 연락을 해오자 김세인, 김연화 씨는 어리둥절하면서도 신바람이 났다. 주위의 성화에 머리를 맞대고 진지하게 '창업 가능성'을 타진해봤다. "그럼 한번 해볼까?" "그래!" 브랜드 이름도 그렇게 '그래'가 됐다. 긍정의 뜻이랑 다독여주는 느낌이 좋아서 견과류 강정에 '그래바'라는 이름을 붙였다. 아이들 다 키울 때까지

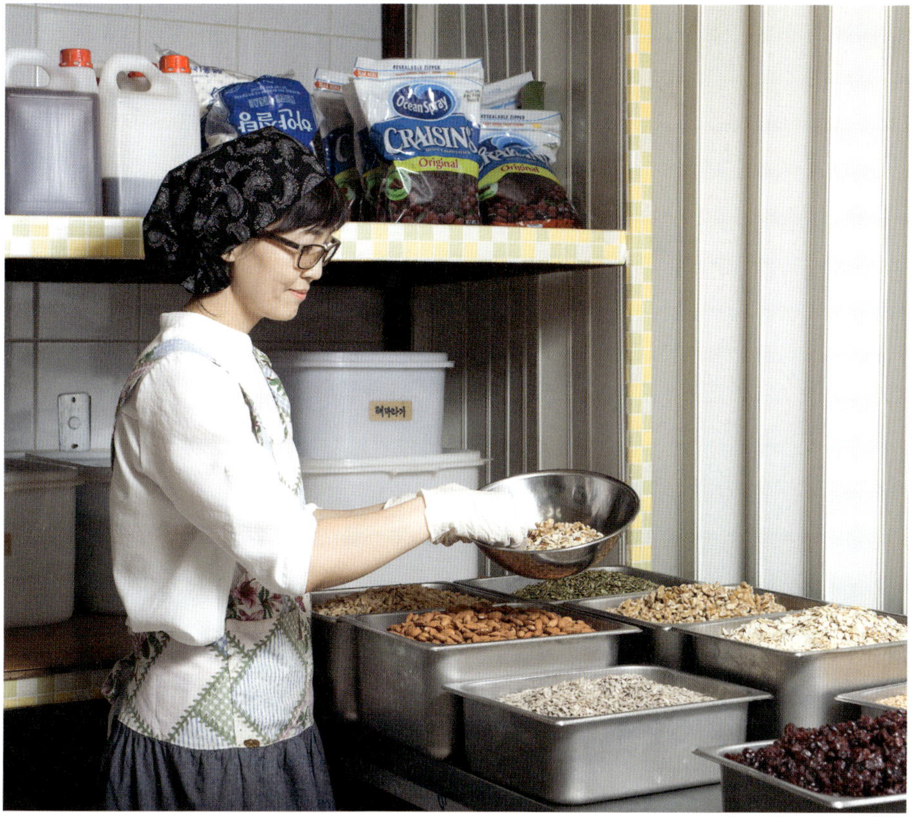
RESEALABLE ZIPPER
Ocean Spray
CRAISINS
Original
Original

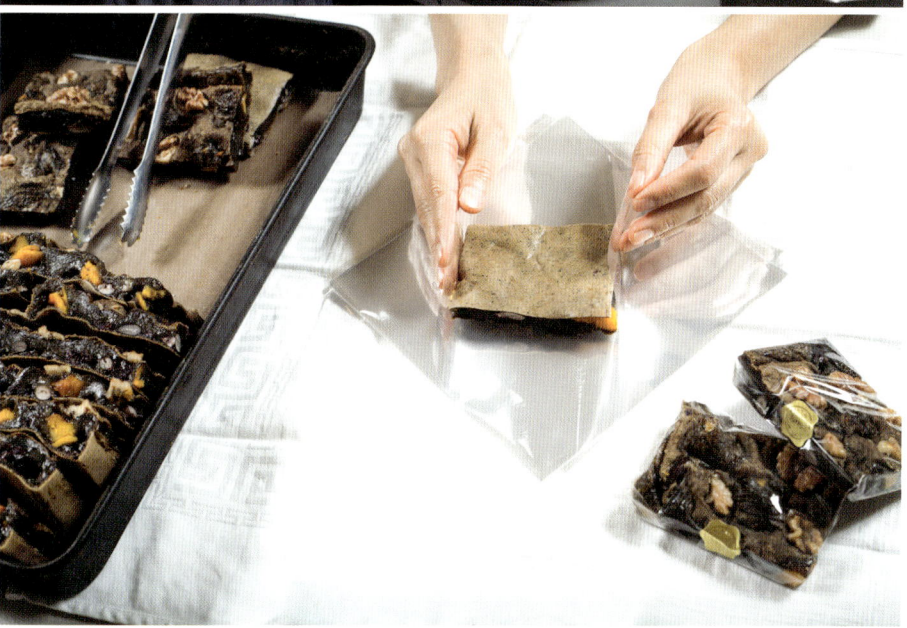

생각도 해본 적 없던 창업이, 그렇게 등 떠밀리듯 이뤄졌다.

입소문의 힘은 세다

현재 판매 중인 먹거리는 그래바(견과류 강정), 그래떡(견과류 떡),
그래호두(호두 강정) 세 가지. 그래떡은 두 사람이 요리 수업에서 배운
LA찰떡을 응용해 몸에 좋은 견과류를 넣고 오븐에 구워내, 영양과 맛을
살린 고급 떡이다. 물 대신 우유로 반죽해 씹는 맛이 부드럽고 촉촉해
서구화된 소비자의 입맛에도 잘 맞는다. 시럽으로 코팅해 기름에 튀긴
그래호두도 남녀노소 좋아하는 간식이다.

　매장이랄 게 없이, 그래바와 그래떡을 만들 수 있는 작은 시설만
갖추고 사전 주문을 받아 그때그때 만들어 판매하다 보니, 가장 중요한
홍보&판매처는 자연스레 지역의 인터넷 카페가 됐다.

　"제품을 홍보하려고 지역 카페에 가입한 건 아니었어요. 수년 전 아들의
중고기타를 사기 위해 가입한 뒤 나름 열심히 활동해왔거든요. 좋은
이웃들과 사는 이야기 하는 걸 좋아해서요. 그래서 평소처럼 일상 글도
열심히 올리고, 드문드문 조심스럽게 홍보를 해나갔죠." 김세인 씨의
말이다.

　처음 제품을 만들어 사진을 찍고 게시판에 올린 날, 여섯 박스의
주문이 들어왔다. 배달 지역은 김포를 비롯해 서울 강서구, 경기도 일산,
인천 서구까지 제각각. 세인 씨와 연화 씨는 낮 2시부터 7시까지 승용차로
직접 배달에 나섰다. 내가 만든 음식을 지인이 아닌 타인이 사준다는
게 고마워서 원가를 따질 여유가 없었다. 그렇게 맛을 본 고객들이 다시
지역 인터넷 커뮤니티에 평을 남겼다. '이렇게 맛있는 강정하고 떡은 처음

먹어봤다'는 반응을 게시판에서 확인했을 땐 마음이 벅찼다. 이후 구입 문의는 꼬리에 꼬리를 물었고, 다른 회원들이 그래바&그래떡의 정보를 공유해주는 일도 흔해졌다. 현재 그래바&그래떡의 재구매율은 50%가 넘는다. 먹어본 사람의 절반 이상이 다시 구입할 만큼, 김포의 핫한 먹거리로 확실히 떴다.

김포뿐만 아니라 인천 등 인근 지역의 인터넷 커뮤니티에도 협력업체로 이름을 올렸다. 지역을 기반으로 하는 인터넷 카페 중에는 수수료를 받고 홍보 공간을 내주는 데가 많다.

"월 5만 원 정도의 수수료를 내는 대신 홍보 게시물을 아무 때나 올릴 수 있죠. 하지만 너무 자주 올리면 오히려 역효과가 나는 곳이 또 인터넷 커뮤니티라서, 제품의 인지도를 높이는 정도로만 홍보하고 있어요."

두 사람은 창업 과정부터 이웃 주민, 카페 회원들의 응원과 요구에 따라 운영 방향을 잡아나갔다. 같이 아이를 키우는 이웃이면서 소비자인 카페 회원들은 미더운 친구이고 든든한 홍보 요원이 되어주었다.

당장 제품 하나를 더 팔기보다는

그래바&그래떡의 성수기는 1년에 두 번의 명절, 5월, 그리고 수능시험이 있는 겨울 시즌이다. 성수기를 거치면서 제품 구색도 다양해졌다. 창업 초기에는 그래바와 그래떡을 넣은 2만~3만 원대 제품을 주로 팔았지만 선물 수요가 늘면서 그래호두를 더한 5만 원대 고급 제품도 개발해 판매하고 있다.

성수기에는 일이 서너 배로 는다. 두 사람이 감당할 수 없어 창업한 해 겨울부터 직원을 한 명 뽑았다. 또 포장 아르바이트를 쓰는 등

5 / 어떻게 홍보해야 할까?

평범한 두 주부를 사업가로 만든 그래바(견과류 강정)와 그래떡(견과류 떡).
건강에 좋은 재료들과 전통의 먹거리에 프로주부의 손맛을 더해 현대인의 서구화된 입맛을 사로잡았다.

견과류 강정과 떡, 그래바&그래떡

시즌에 따라 탄력적으로 인력을 운영한다. 제품을 알릴 기회를 최대한 활용하면서 제품의 질은 떨어뜨리지 않기 위해서다.

창업 2년이 지난 지금, 그래바&그래떡은 또 다른 도약을 위해 고심하고 있다. 체인점을 내보지 않겠느냐, 대신 판매해주겠다는 제안이 제법 들어온다. '조금만 더 키워볼까', '이정도면 됐다'는 마음이 엎치락뒤치락한다. 완벽주의자인 김연화 씨는 깐깐한 손맛을 고집해왔는데 아무래도 사업 규모가 커지면 제품의 맛을 일관되게 유지하기 어려울까봐 걱정이다. 모험심이 있는 김세인 씨는 좀 더 대담하다. 좋아서 시작한 일이 주변 사람들의 응원과 관심이라는 잔잔한 물살을 타고 여기까지 왔듯이 또 앞으로 어디로 향할지 살짝 궁금하다.

"사실 큰 욕심 없이 최고의 맛을 유지한다는 원칙을 지켜가면서 지금까지 잘 왔다고 생각해요. 그걸 옆에서 본 이웃들이 나서서 홍보를 해준 거고요. 손맛에는 자신 있는데 창업을 고민하는 사람이 있다면, 정말 원칙을 지키면서 정직하고 성실하게 매일매일 같은 일을 반복할 수 있는지 잘 따져보라고 말하고 싶어요. 큰돈을 벌기보다 좋은 음식 나누고 일을 즐긴다는 마음으로 임한다면 노력이 허사가 되는 일은 없을 겁니다. 입은 정직하니까요." *written by* 은유

지역 인터넷 커뮤니티 활용하기

매장에 앉아 손님을 기다리기만 하는 시대는 갔다. 지역 맘카페 등 인터넷 커뮤니티를 적극적으로 활용하면 찾아가는 홍보와 판매가 가능하다. 샌드위치, 빵, 국이나 반찬 등 유통기한이 짧거나 택배가 어려운 먹거리의 판매도 당일 제조, 배달로 해결할 수 있다.

01 홍보·협력업체로 등록하기

지역의 맛집이나 먹거리를 비용 부담 없이 알릴 수 있는 커뮤니티도 있지만, 지역을 기반으로 하는 인터넷 카페들의 상당수는 홍보업체를 모집하고 일정액의 수수료를 받는다. 수수료는 카페별, 홍보 회수별로 천차만별이지만 대개 월 3만~5만 원 수준이다. 비교적 적은 비용으로 지역 내에 홍보할 수 있다는 장점이 있으나 '커뮤니티'인 이상 과한 홍보는 역효과를 불러일으킬 수 있으므로 신중해야 한다. 먼저 카페에 가입해 회원으로 활동을 하며 분위기를 파악하는 것이 좋다.

02 '배송대행지'를 이용한 배달 서비스

아파트가 밀집한 신도시나 젊은 주부들이 많은 지역 맘카페에서 흔히 이뤄지는 판매 방식이다. 홍보 글을 올리고 주문을 받으면서, 몇 개 권역으로 나눠 배송대행지(일명 배대지) 신청을 받는다. 예를 들어 A지역은 영희네, B지역은 철수네 집이 배대지로 정해지면 판매자는 지정한 배송일에 배대지로 먹거리를 전달하고, 소비자는 자신이 사는 지역의 배대지에서 먹거리를 찾아간다. 귀찮은 배대지 역할을 누가 하랴 싶지만, 집에서 물건을 받고 싶은 이들 중에 자원하는 경우가 꽤 있다.

03 요일별 배달 서비스

권역별로 요일을 정해 배달 서비스를 하는 형태다. 예를 들어 월요일에는 A지역, 화요일에는 B지역, 수요일에는 C지역에 배달을 간다고 지역 카페에 공지한 후 주문을 받는다. 하루 한 지역만 집중해 배달하면 되기 때문에 판매자는 물류비를 줄일 수 있고, 소비자는 집에서 먹거리를 받아볼 수 있어 편하다. 비교적 먼 지역까지 판로를 확장할 수 있는 게 장점이며, 인기 먹거리일수록 호응도가 높다.

04 벼룩시장이나 바자회 참가

지역 맘카페에서는 벼룩시장이나 바자회 공지를 종종 볼 수 있다. 지역 주부들이 모이는 벼룩시장이나 바자회에 참가해 제품을 알리고 현장에서 판매를 진행한다. 매출 증대, 홍보 효과는 물론, 즉석에서 소비자의 반응을 살필 수 있어 제품의 개선에 도움이 된다.

그래바&그래떡's Check Point

운영 포인트
위생 관리에
철저했다

건강하고 안전한 먹거리를 표방하는 만큼 위생 관리에 철저하다.
하루 일과는 늘 대청소로 마무리하고, 벌레 등이 생기지 않도록
소독전문업체에 정기적인 소독을 맡긴다. 그래서 작업장은 지자체
위생과에서 불시에 '위생상태 점검'을 나와도 항상 합격점을 받을
정도로 청결하다.

아이템 포인트
견과류 일일 권장
섭취량을 제품
하나에 담았다

다양한 메뉴를 출시하기보다 소품종 수제 생산 방식을 고수하고 있다.
온습도에 민감한 음식이므로 여름철과 겨울철에는 재료 배합을 살짝
달리해 일정한 품질을 유지하고자 노력한다. 또한 기억하기도 먹기도
좋도록, 그래바 하나면 견과류 하루 권장 섭취량(25그램 정도)을
충족하도록 했다.

홍보 포인트
커뮤니티의 일원으로
정체성을 지켰다

창업하기 전부터 활동하던 지역 인터넷 커뮤니티가 자연스럽게 제품
홍보의 장이 됐다. 하지만 홍보를 최소화하고 이전과 다를 바 없이 일상의
이야기를 자주 올리고 있다. 판매자이기 이전에 좋아하는 커뮤니티의
일원이라는 정체성을 잃고 싶지 않기 때문. 의도한 바는 아니었지만
좋은 이웃이 만드는 믿을 만한 제품이라는 신뢰도 그 덕분에 쌓인 듯싶다.

인근 지역 카페에
홍보업체로 입점했다

사는 지역 인근의 인터넷 커뮤니티 두 곳에는 홍보·협력업체로 입점했다.
월 5만 원 정도의 수수료를 내고 감사의 달 5월이나 명절, 수능시즌
등 성수기에 집중적으로 홍보한다. 카페에 올라오는 지역별 바자회나
벼룩시장 등 행사 일정을 체크하고 참가해 제품의 인지도를 높여가고 있다.

낱개 포장 비닐에
전화번호를 넣었다

선물용 주문이 많다는 데에 착안, 제품을 하나라도 맛본 이라면 누구든
주문 전화를 할 수 있도록 낱개 포장 비닐에 로고와 전화번호를 새겨
넣었다.

미래의 먹거리 소상공인을 위한 조언

좋은 음식을 만들려면 '기본'과 '원칙'을 지켜야 합니다. 기본이란, 돈 내고 먹었을 때 돈 아깝다는 생각이 들지 않도록 하는 거죠. 원칙은, 좋은 재료를 쓰고 한결 같은 레시피를 지켜 변함없는 맛과 믿음을 주는 것입니다. 내가 만든 음식이 건강한 먹거리라는 자신감과 사명감은 눈에 안 보이는 것 같지만 제품을 통해 소비자한테 확실히 전달됩니다. 그렇게만 하면 애써 홍보하지 않아도 저절로 알려지게 되죠. 좋은 음식은 누구나 나누고 싶은 게 인지상정이니까요.

지역 기반의 커뮤니티에서 홍보를 할 때는 진정성이 가장 중요한 것 같아요. 저희는 늘 고객이 아닌 이웃들을 만나고 있다고 생각합니다. 기계적으로 제품 홍보만 하면 눈에 보이지 않는 예비 고객들의 마음을 움직이기 어렵거든요. 특히 지역 맘카페나 여초카페라면 성의 있는 제품 설명과 사진은 물론, 즉각적인 피드백도 필요하죠. 고객의 말에 항상 귀 기울이는 판매자에게 따뜻한 분들이 많거든요. 자기 일처럼 나서서 도와주는 분들도 많고요. 역지사지, 창업 후 지금까지 늘 잊지 않고 있는 단어입니다.

견과류 강정과 떡, 그래바&그래떡

유동인구가 적지만
발전 가능성을 봤습니다

쫄면 전문점, 자성당 | 김종호, 김채영

가게를 차린다면 어디가 좋을까?

"따뜻한 국물의 온쫄면을 파는 곳이
서울엔 거의 없더라고요. '쫄면 전문점'이라는
특이한 아이템이 있으니까 입지가 조금
불리하더라도 극복할 수 있겠다 싶었어요.
임대료가 싼 편이고 홍대 상권에서
멀지 않은 것도 마음에 들었습니다."

자성당 쫄면

따뜻한
국물식
온쫄면

매콤새콤
비빔쫄면

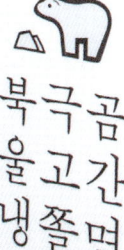

북극곰
울고간
냉쫄면

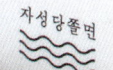
자성당쫄면

OPEN

TIME TABLE

OPEN : A.M 11:00
B.T : P.M 3:00~4:30
CLOSE: P.M 8:00 (Last Order)

쫄면 전문점, 자성당

나를 소개합니다
김종호(32)

사학과를 졸업하고 대기업에
들어갔지만 사업에 관심이 많았다.
2년 간 돈을 모은 뒤 퇴사하고 대구에서
파스타가게, 옷가게 등을 운영하며
경험을 쌓았다. 한 살이라도 젊을 때
이왕이면 서울 홍대 권역에서 음식점을
해보고 싶어 고등학교 동창인
김채영과 의기투합했다.

김채영(32)

사회체육학을 전공한 후 동기와
체육입시학원을 차렸으나 적성에 맞지
않아 그만두고, 먹거리로 다시 창업을
도모했다. 면요리를 워낙 좋아해 전국
맛집은 다 가봐야 직성이 풀리는
식도락가로, 서울에서도 온쫄면을 먹고
싶다는 절박한 심정으로 쫄면 전문점을
구상했다.

나의 브랜드를 소개합니다
자성당

경북 경주에서 따뜻한 육수가 들어간
온쫄면을 먹고 자란 두 청년이 서울
서교동에 차린 쫄면 전문점이다. 자성당
온쫄면 외에도 비빔쫄면, 어묵 온쫄면,
냉쫄면, 만두 등을 판다. 스스로의 힘으로
이루겠다는 뜻을 담아 '자성당'이라는
간판을 내걸었다. 창업한 지 2년도 안 돼
쫄면 맛집으로 유명세를 타고 있다.

형태	식당(약 8평)
오픈	2014년 4월
개업 자금	약 3,000만 원
자금 조달 방법	퇴직금+저축
주 고객층	전 연령층
월 매출	1,600만~1,800만 원
주요메뉴	온쫄면, 비빔쫄면, 냉쫄면
주소	서울 마포구 잔다리로 7안길 3
전화	070-4797-1707
페이스북	www.facebook.com/jjolstar

'자성당' 대표 김종호,
김채영 씨(왼쪽부터).

'자성당'의 하루

시간	내용
08:00	SNS 확인
09:00~11:00	장보기, 재료 준비
11:00~15:00	오전 영업
15:00~16:30	점심식사, 오후 영업 준비, 식기 소독
16:30~20:00	오후 영업
20:00~21:00	주방 및 홀 청소

OPEN

홍대 일대는 우리나라의 대표적인 핫플레이스다. 유행을 선도하는 젊은 층을 중심으로 새로운 문화 트렌드가 형성되는 곳이니만큼, 음식장사를 하는 사람이라면 한번쯤 입성해보고 싶은 '꿈의 상권'이기도 하다. 만만치 않은 임대료는 소규모 창업자를 위축시키는 높은 장벽이지만 어디든지 '틈새'는 있는 법. 일찍이 사업으로 진로를 정하고 홍대 상권의 흐름을 주목하던 젊은 창업자들은 처음엔 엄두도 못 냈지만 포기하지 않고 그 주변을 기웃거렸다. 때가 좋았다. 홍대 정문에서 홍대입구역으로 뻗어간 상권이 상수역에서 합정역까지 확장되는 추세였다. 홍대 상권이 점차 넓어지면서 상대적으로 임대료가 저렴한 가게를 찾을 수 있었던 것.

"홍대 중심 상권에서 멀리 떨어진 곳이죠. 큰길 안쪽이라서 유동인구가 적고 임대료는 쌌어요. 그래도 홍대 권역으로 분류될 수 있는 지역이면서 합정역에서 7~8분 거리에 있어 교통이 편하고, 주변에 중소규모 직장이 많아 점심이나 저녁에는 손님을 모을 수 있을 것 같았어요. '쫄면 전문점'이라는 특이한 아이템이 있으니까 입지의 불리함은 극복할 수 있겠다 싶더군요."

연구개발로 이뤄낸 온쫄면의 그 맛

김종호, 김채영 씨는 밀면, 쫄면 등 면음식이 발달한 경주에서 태어났다. 종호 씨는 국수요리를 할 때 소면보다 쫄면을 넣어 끓여주던 엄마의 손맛을 기억한다. 채영 씨 또한 술 마시고 나서 해장은 온쫄면으로 할 만큼 쫄면 사랑이 남달랐다. 그들에게 쫄면은 라면만큼 부담 없고 친근한 일상의 음식이었다. 절친한 고등학교 동창인 두 사람은 대학 졸업 후 직장생활과 사업 경험 등으로 이십대를 보내고, 어느 유행가 가사처럼

'내뿜은 담배연기처럼' 또 하루가 지나가는 서른 즈음, 서울에서 만나 사업을 도모한다. 쫄면 전문점을 차리자!

"서울에는 쫄면이 비빔쫄면밖에 없다는 걸 대학에 가서야 알았거든요. 우리는 온쫄면이 어디나 다 있는 줄 알았어요. 다른 지역에 가서 '뜨거운 쫄면' 먹고 싶다고 하면 그게 뭐냐고 물어보더라고요. 쫄면이라는 메뉴가 친근하고 온쫄면은 특이하니까, 무엇보다 저희가 좋아하니까, 쫄면 전문점이 흔하지 않으니까 신선할 수 있겠다, 이건 되겠다고 확신했어요."

확신은 있으되 아직 방법은 몰랐을 때였다. 하지만 크게 걱정하지 않았다. 남다른 손맛이 있는지 없는지는 알 수 없지만 보편적 입맛을 믿었다. 또 쫄면은 재료가 특별하고 조리과정이 복잡한 고난도의 요리가 아니다. 그동안 먹었던 맛있는 쫄면의 맛을 기억해서 '양념장'과 '육수'의 맛을 찾아내면 된다고 판단했다.

두 사람은 한 집에 살면서 쫄면만 생각했다. 스마트폰으로 이것저것 알아보다가 쫄면의 원조가 인천에 있는 '광신제면'이라는 사실을 알아내고 바로 찾아갔다. 대규모 제면소일 줄 알고 '우리 같은 사람들을 상대해줄까' 걱정했으나 막상 가보니 사장이 혼자 운영하는 작은 업체였다. 종호 씨와 채영 씨는 쫄면 전문점 창업 계획을 털어놓으며 이런저런 정보와 조언을 구했다. 알고 보니 광신제면 쫄면은 무방부제 생면만을 사용하기에 어린아이까지 안심하고 먹을 수 있으며 색깔이 희고 면발이 탱탱했다. 망설일 이유가 없었다. 가장 중요한 식재료인 쫄면 공급처가 그렇게 결정됐다.

다음 미션은 육수 내기. 두 사람은 국수집, 우동집, 짬뽕집 등 전국의 맛있다는 면집을 일일이 검색하고, 하루는 강원도로 하루는 충청도로

쫄면의 원조인 광신제면 국수, 멸치의 귀족 죽방멸치 육수 등 최고의 식재료를 사용한다.
이를 포스터로 제작해 매장 벽면에 부착한 뒤 SNS를 타고 입소문이 퍼지기 시작했고
멀리서 찾아오는 고객이 크게 늘었다.

　　　　　　　　　　　　　　　　　쫄면 전문점. 자성당

시간 날 때마다 찾아다니면서 음식을 먹어보고 맛을 연구했다. 집에
와서는 재료를 다양하게 바꾸어 육수를 끓여보았다. 멸치, 건홍합, 게,
보리새우, 표고버섯, 무, 다시마 등을 다양한 조합으로 넣어 실험했다.

"최대한 깔끔한 맛을 내야 하는데 여러 가지 재료를 넣으니까 맛이
애매해졌어요. 멸치 하나만으로 국물을 내면 깔끔하고 시원한데,
사람들이 비린내를 싫어하는 게 문제였죠."

멸치의 종류도 등급에 따라 십 수 가지. 마지막에 써본 멸치가
'죽방멸치'다. 아는 선배가 지인이라면서 30년이 넘는 세월 동안
삼천포에서 죽방렴 어장을 경영해온 죽방멸치 분야 대한민국 신지식인
강종용 장인을 소개해주었다. 일반 육수용 멸치가 1만 원이면 그의
죽방멸치는 10만 원쯤 한다. 값이 비싸지만 그래도 한번 써보자 했는데,
이 죽방멸치에서 마침내 원하는 맛이 우러났다.

쫄면의 원조인 광신제면 국수, 멸치의 귀족 죽방멸치 육수. 하나씩
윤곽이 잡혀갔다. 처음부터 최고급 식재료를 쓰겠다고 의도한 건
아니었지만 '더 뛰어난 맛'을 찾다보니 자연스레 그리 되었다.

"직장을 다닌다거나 다른 일을 하고 있었다면 준비가 미흡했을 텐데
시간이 많으니까 가능했어요. 조급하게 생각하지 않고 꾸준히 알아봤죠.
커피 마시다가도 얘기하고 술 마시다가도 의논하고 자다가도 생각하고
스마트폰으로 찾아보고, 일일이 먹어보고 만들어보고. 저희가 만드는
음식은 '요리'라기보다 '연구 개발'에 가까워요. 맛있는 비율을 찾아내
토핑하는 정도죠. 육수랑 양념장 개발에만 5개월이 걸렸습니다."

쫄면 양념장은 맛집을 순회하며 먹어보다가 어느 한 음식점에서
만났다. 양념장 레시피는 '며느리도 안 알려주는' 특급 비밀인지라, 그

음식점에서는 레시피 자체는 비밀로 두고 재료만 몇 가지 귀띔해 주었다. 그 힌트를 가지고 두어 달간 이런저런 비율로 조합해 '이 정도면' 하고 낙점한 것이 자성당의 양념장이다. 듣고 보면, 한결같이 '집념의 레시피'다.

손님이 없을 때에는 반드시 이유가 있다

쫄면 연구 개발만큼이나 점포 위치 찾기도 중요했다. 두 사람이 가진 창업 자금은 약 3,000만 원. 내심 꿈꿔온 홍대 상권의 임대료는 서울 최고 수준이니 처음에는 엄두를 내지 못했다. 그래서 마포, 공덕, 가산디지털단지 등 직장인이 많은 오피스 상권부터 뒤져봤는데 쫄면 전문점과는 왠지 어울리지 않았다. 다시 홍대에서 조금 떨어진 곳들을 둘러보다 지금의 자리를 찾았다.

"분식점이 있던 자리인데 손님이 많지 않았어요. 한 달 이상 점심 때, 저녁 때 등 시간대별로 오가는 사람이 얼마나 있는지 살폈어요. 점심에는 주변 식당들에 손님이 다 차더라고요. 근처에 저희랑 겹치는 업종도 없고 해서 여기로 결정했죠."

2014년 4월 28일 자성당의 문을 열었다. 개업 초기 두 사람은 지인이나 손님들에게 음식 맛이 어떤지 계속 물어봤다. 경상도 음식은 짠 편이어서 서울사람들 입맛에 맞지 않을까봐 걱정스러웠다. 손님이 남긴 음식을 주방 한 켠에서 먹어보기도 했다. 음식을 남기는 손님이 많은 날에는 짜거나 맵거나 반드시 이유가 있었다. 계속해서 양념을 바꾸는 노력 끝에 서울사람들 입맛에도 잘 맞는 쫄면 맛을 찾았다 싶었다. 열정이 통했는지 두세 달은 매출이 괜찮았다. 하지만 여름 들어 장마와 태풍이 찾아오고 휴가철이 되니 거리가 한산해졌다. 점심 때 말고는 지나가는 사람이

남녀노소에게 인기 있는 비빔쫄면, 서울에서 맛보기 힘든 뜨끈한 국물이 끝내주는 온쫄면(위 왼쪽부터).
계절이나 날씨에 따라 선택할 수 있는 메뉴가 있으면 안정적인 매출을 올릴 수 있다.

쫄면 전문점, 자성당

없었다. 그해 연말까지 어려운 시기가 이어졌다.

뭐가 문제일까. 손님의 입장이 되어 바깥에서 가게를 바라보았다. 하나씩 문제점이 눈에 띄었다. 흔치 않은 쫄면 전문점이며 최고의 재료를 쓴다는 자부심이 컸지만 달랑 '자성당'이라고만 적혀 있는 간판은 아무 설명 없이 무뚝뚝했다. 쫄면에 대한 자부심이 전혀 보이지 않는 건 실내 인테리어도 마찬가지였다.

'기본부터 다시 하자.' 열흘간 가게 문을 닫고 정비에 들어갔다. 먼저 간판을 '자성당'에서 '자성당 쫄면'으로 교체하고 '쫄면'이라고 쓴 동그란 보조 간판을 더했다. 가게 앞에는 메뉴를 소개하는 엑스배너를 세웠다. 간판에는 조명을 달아 밤에도 눈에 잘 띌 수 있도록 했다. 매장에 들어서면 바로 보이는 정면에는 자성당 온쫄면, 비빔쫄면, 어묵 온쫄면, 냉쫄면 등 4가지 메뉴를 액자에 넣어 걸고, 좋은 재료를 알릴 수 있도록 '죽방멸치' '광신제면' 스토리를 담은 포스터도 큰 패널로 제작해 벽면에 붙였다.

'쫄면 전문점' 부각시키며 '홍대 맛집'으로 부상

"확실히 간판이랑 메뉴판을 바꾸고 단장하니까 쫄면 전문점이라는 특징이 잘 보였어요. 1월부터 매출이 오르기 시작하더군요. 저희는 처음부터 광신제면이랑 죽방멸치를 써왔는데, 그걸 알리는 포스터를 걸고부터 손님들이 핸드폰으로 사진을 찍는 등 반응이 달라진 걸 느꼈어요. 좋은 재료로 만드는 좋은 음식이란 걸 알리는 게 얼마나 중요한 포인트였는지 뒤늦게 깨달은 거죠."

최고급 재료를 쓰는 집, 온쫄면을 파는 홍대 합정동 쫄면 전문점······.

다녀간 고객들이 블로그며 페이스북에 맛집으로 자성당을 포스팅하기 시작했다. "이곳에 가면 놀랍게도 죽방멸치로 우려낸 따뜻한 국물식 쫄면을 맛볼 수 있다", "전국 3대 온쫄면집은 옥천의 '풍미당', 경주의 '명동쫄면' 그리고 서울의 '자성당쫄면'이다" 등등. 고객에게 갖가지 '인증 거리'를 제공한 게 어쩌면 신의 한 수였던 셈이다.

입소문을 타기 시작하면서 창업 1년 반 만에 방송 출연의 기쁨도 맛봤다. SBS '생활의 달인' 프로그램에 쫄면의 달인으로 출연하게 된 것. 방송 후 매출은 급신장했다. 공중파 방송에 소개되자 '홍대 상권' 효과 또한 확실히 나타났다. 일부러 시간 내서 찾아갈 만한 '홍대 주변 맛집'으로 알려지게 된 것이다.

그동안 자성당은 꾸준히 내실을 다져왔다. 창업 초기의 세 가지 메뉴(온쫄면, 비빔쫄면, 만두)에 더해 여름을 맞아 '냉쫄면'을 개시했다. 서울에서는 먹기 어려운 부산 밀면을 떠올리며 아쉬운 대로 냉쫄면을 개발한 것이다. 그랬더니 "밀면 느낌이 난다"고 알아봐 주는 손님들이 종종 있다. "여기서만 먹을 수 있는 메뉴가 있으니 확실히 고정 고객이 늘어나는 것 같다"고 채영 씨는 귀띔한다.

어묵 온쫄면도 처음엔 없던 메뉴다. 온쫄면에 어묵을 좀 넣어서 먹고 싶다는 단골손님의 말을 듣고 흔쾌히 새 메뉴로 만들었다.

"온쫄면이 5,000원이었는데 올해 4,900원으로 100원 내렸어요. 불경기가 10년 됐으니까 사람들 소비심리도 위축되어 있고 세월호 참사와 메르스 사태가 일어나고 청년들 취업도 안 되고 다 힘들어하는 시기라서 조금이나마 함께 하는 마음으로요. 쫄면이 원래 부담 없는 음식이니까 더 부담 없이 드셨으면 합니다."

쫄면 전문점, 자성당

이는 단골고객에 대한 고마움의 표현이기도 하다. 채영 씨와 종호 씨는 단골고객을 '단친'이라고 부른다. 손님이 아닌 단골친구라는 뜻이다. 단친들이 더 많은 손님들을 데려 오고, 맛에 대한 조언도 자주 해주는 게 늘 고맙다.

"항상 귀를 기울여서 듣죠. 저희가 처음부터 달인은 아니었고요. 끊임없이 맛을 보고 진화해 가는 과정이 있었어요. 그래서 다른 분들의 평가나 조언이 얼마나 중요한지 잘 알죠."

메뉴와 상권도 궁합이 있다

자성당은 한문으로 白成堂, 스스로자, 이룰성, 집당 자를 쓴다. '자수성가'를 줄여 '물려받은 재산 없이 내 힘으로 벌어 살림을 이루고 재산을 모으겠다'는 패기를 담았다. 창업하면서 변리사 친구의 조언으로 상표등록도 해놓았다.

채영 씨와 종호 씨는 처음부터 프랜차이즈 사업을 염두에 두었다. 창업 7개월 만에 서울 영등포구청역 부근에 자성당 2호점이, 1년 6개월 만에 마포구 연남동에 3호점이 생겼다. 자성당을 알리는 데 도움이 되리라 생각해 추진한 일이었는데, 방송에 나가면서 유명세를 타자 지점 문의가 많이 들어오고 있다.

"창업 초기 목표가 가맹사업 하는 것과 티비에 나오는 것이었거든요. (웃음) 남들이 전혀 하지 않았던 쫄면 전문점을 개척한 것이 뿌듯합니다. 창업 2년을 기점으로 10개 정도의 지점을 내려고 합니다."

'아이템이 좋으면 산꼭대기에 가게를 차려도 손님이 온다'는 것은 외식경영업계의 정설처럼 통하는 말이다. 무조건 소비인구가 많은 최고의

상권을 탐내기보다는 메뉴와 상권의 궁합, 그리고 발전 가능성을
보라. 자성당의 주목할 만한 성공은, 소자본으로 목 좋은 위치를 찾는
창업자들에게 좋은 본보기가 되고 있다. *written by* 은유

쫄면 전문점, 자성당

자성당's Check Point

운영 포인트
각 도매시장 식재료
시세를 파악했다

좋은 재료를 좋은 가격에 쓰기 위해서 여러 군데의 식자재 가격을 항상
비교해본다. 점포 주변의 영등포시장, 망원시장, 식자재마트에 직접
들러 시세를 파악한다. 식재료를 납품 받더라도 시세를 알아야 좋은
물건을 좋은 가격에 받을 수 있다. 또한 어묵이나 유부 등 상하기 쉬운
재료는 비싸더라도 소량씩 구입해 위생 관리에 유의한다.

아이템 포인트
계절과 날씨를
타지 않는 메뉴를
개발했다

비빔쫄면, 온쫄면, 냉쫄면 등 다양한 메뉴 덕분에 딱히 비수기가 없다.
비가 오거나 추우면 냉면은 덜 팔리는데, 자성당은 온쫄면이나 어묵
온쫄면이 있어 매출이 안정적이다. 매콤달콤한 비빔쫄면은 20~30대
젊은이들에게, 국물요리인 온쫄면은 40~60대에게 특히 인기 있다.

홍보 포인트
좋은 식재료를 알리고
이야깃거리를 제공했다

매장 리모델링을 거쳐 좋은 재료로 정성껏 만든 음식이라는 점을
명확하게 홍보하기 시작했다. 광신제면, 죽방멸치 포스터를 제작해
벽에 부착함으로써 고객들에게 음식 정보와 함께 이야깃거리를
제공했다. 쫄면을 맛본 고객들이 블로그나 SNS를 통해 자성당에 대해
알리기에 좋은 기본 정보가 됐음은 물론이다.

미래의 먹거리 소상공인을 위한 조언

성공 아니면 실패인데 시작조차 안 하면 성공도 못하겠죠. 동기들을
만날 때 회사 때려치우고 싶다, 사업하고 싶다는 얘기를 많이 들어요.
하지만 말만 그럴 뿐 좀처럼 실행에 옮기지 못하거든요. 진짜로 뭔가 하고
싶고 할 수 있는 게 있다면 한 번쯤은 과감해질 필요가 있어요. 그렇다고
집에만 있어도 안돼요. 열심히 준비해야죠. 저희는 창업 준비하면서
우동을 먹으러 일본에도 다녀왔어요. 맛과 서비스 모두 살피러 갔었죠.
다 밑천이 되더군요. 한 살이라도 젊을 때 과감하게 도전해보세요. – 김종호

창업하면서 실수 안 하는 사람은 없을 거예요. 다시 실수할까봐
걱정하기보다 일어설 방법을 찾으면 돼요. 위기는 기회라고, 배울 게
많거든요. 사업이 아니라 다른 일을 하더라도 마찬가지로 우여곡절이
있고 시련이 찾아오죠. 그러니 초심을 지키며 뚝심 있게 밀고 나가세요.
우리에게도 손님이 없어서 고민하던 시절이 있었는데, 그때 문제점을 찾아
재정비한 덕분에 다시 일어설 수 있었습니다. – 김채영

쫄면 전문점, 자성당

딸의 조언으로
차별화된 도시락을
만들었습니다

도시락 전문점, 도시락키친 | 하일순

혼자서도 잘할 수 있을까?

"깐깐한 강남 엄마가 바른 먹거리로 만드는
수제 도시락을 표방합니다. 요리하는 것과
정성을 쏟는 건 자신 있는데, 홍보라든가
기타 사업에서 고려할 세세한 사항들까지
혼자 처리해 나가기가 어렵더라고요.
창업 시작부터 지금까지 딸의 조언과
도움이 결정적이었죠."

도시락 전문점, 도시락키친

나를 소개합니다
하일순(54)

30년간 전업주부로 살았다. 평소 사람들 불러다 음식 해주는 걸 좋아했고, 늘 손맛 좋다는 평을 들어왔다. '회사에서 도시락을 자주 시켜먹는데 엄마가 하면 더 잘할 것'이라는 딸의 격려에 힘입어 50 넘은 나이에 '도시락키친'을 창업했다.

나의 브랜드를 소개합니다
도시락키친

서울 강남구 청담동에서 2013년 6월 오픈한 수제 도시락 전문점이다. 좋은 품질의 제철 재료를 쓰고 요리법을 달리해 차별화한 고급 도시락으로 호응을 얻고 있다. 웨딩 촬영 때 짬짬이 먹을 수 있도록 간편하게 구성한 웨딩촬영도시락, 기업의 세미나나 회의용 프리미엄도시락이 특히 인기다.

형태	작업장(약 4평). 배달 서비스
오픈	2013년 6월
개업 자금	약 1,000만 원
자금 조달 방법	저축한 돈
주 고객층	20~30대 회사원, 전문직 종사자
월 매출	800만~1,000만 원
주소	서울 강남구 학동로 101길 26 삼익아파트단지 상가
전화	(02)568-3353, 010-2046-6062
블로그	www.dosirak-kitchen.com

'도시락키친'의 하루

06:00~07:00	음식 준비 및 조리
07:00	도시락 배달
08:00~11:00	점심 도시락 준비 및 조리
12:00	도시락 배달
14:00~16:00	장보기
17:00~18:00	재료 손질
19:00~20:00	블로그 포스팅

딸, 엄마의 인생 이모작을 돕다

엄마는 50대에 창업을 했다. 30년 프로 주부답게 엄마에게는 누구나 인정하는 손맛과 유연한 소통 능력, 장보기나 청소 같은 허드렛일을 묵묵히 해내는 성실함, 작은 위기에도 일희일비하지 않고 하루를 견디는 인내심이 있었다. 작은 맛집 창업자에게 꼭 필요한 덕목들이었다. 다만 소비 사회의 트렌드를 읽는 눈, 즉 손맛을 고유한 아이템으로 상품화하고 알리는 요령은 부족했는데, 그 몫을 딸이 완벽하게 해주었다. 엄마의 손맛과 능력을 제대로 분석해 '깐깐한 강남 엄마가 바른 먹거리로 만드는 수제 도시락'을 탄생시킨 것이다.

쉰두 살에 도시락키친을 창업한 하일순 씨는 '강남 엄마'였다. 결혼해서부터 30년을 서울 청담동 일대에 살면서 딸 하나 낳아 키우며 평범한 주부로 보냈다. 딸이 대학을 졸업하고 취직까지 하자 시간 여유가 많아지고 스멀스멀 딴생각이 났다. 살아갈 날이 여전히 많이 남았는데 뭘 해야 즐거울까 생각이 많았다. 처음에는 막연히 옷가게를 생각했다. 옷을 좋아하고 지인들도 그녀가 골라주는 옷을 즐겨 선택할 만큼 안목에 자신 있었다. 하지만 재고 처리 등 운영의 문제가 마음에 걸렸다. 재고가 남지 않는 깔끔한 장사를 고민하던 때, 딸이 '도시락'이라는 아이템을 제안했다. 직장생활을 하는 딸이 행사나 회의 때 도시락 단체주문을 위해 검색하다가 도시락 시장을 주목하게 된 것이다.

"회사에서 도시락을 시켜 먹어보면 정말 맛없는 것도 비싸게 받는다고 하더라고요. 어떤 건 모양만 예쁘고 실속이 없어서 먹고 나서도 속이 헛헛하대요. 모양보다는 맛에 충실하고, 조미료 전혀 쓰지 않고 내용물을 알차게 하면 잘될 거 같다고, 엄마 정도의 음식 솜씨라면 충분히 경쟁력

있다고 격려해주더군요."

생각해보니 가능할 것도 같았다. 하일순 씨가 한 음식은 늘 식구들도 주변 사람들도 맛있게 먹었다. 손맛이 좋은 친정엄마로부터 재능을 물려받았는지, 나물 한 가지만 무쳐도 맛있다는 칭찬을 들어왔다. 인심이 후해 지인들을 불러다가 푸짐하게 해 먹이는 것도 좋아했다. 미각에도 자신 있었다. 강남은 국내외 최고급 맛집들이 모여 있는 곳 아니던가. 맛있다고 소문난 집은 거의 다 가보았으니 30년 주부 경력에 이 정도 손맛과 경험이라면 도시락쯤은 문제없겠다 싶었다. 무엇보다 그녀의 요리 실력을 칭찬하고 믿어주는, 똑똑하고 현명한 딸이 옆에 있어 안심이 됐다.

프리미엄 도시락이라면 확 달라야 한다

모녀는 창업을 위해 머리를 맞댔다. 기업의 마케팅팀에서 근무하는 딸 유 씨의 전문적인 조언은 위력을 발휘했다. 유 씨는 치열한 도시락 시장에서 경쟁하려면 차별화된 콘셉트가 필요하다며 '도시락키친'이라는 이름을 짓는 것부터 시장에서의 포지셔닝, 홍보 방향까지 조언을 아끼지 않았다.

그동안 하일순 씨는 문화센터 가정요리반에 등록해 창업을 준비했다. 집에서 늘 하던 요리에서 벗어나 요즘의 요리 트렌드를 파악하고 익히기 위해서였다. 요리의 변용은 무궁무진했다. 매번 하던 요리도 간장에서 된장 고추장으로 양념만 바꾸면 새로운 요리가 됐다. 배운 요리는 집에서 만들어 가족에게 평가를 받았다. 그렇게 한 학기를 배우면서 도시락 메뉴를 구상해 나갔다.

"이쯤 하면 됐다 싶어서 내심 3월에 창업해야지 생각하고 있었어요. 그런데 매일 퇴근하고 들어온 딸이 제 도시락을 먹어보곤 퇴짜를 놓는

거예요. 메뉴 구성부터 조리 방법까지 바꿔보곤 했는데, 4월이 지나 5월이 되도록 딸의 심사를 통과하지 못했어요. 도대체 언제 하라는 거냐고 제가 화를 냈죠. 그랬더니 '그냥 먹는 정도로는 괜찮은데, 명색이 프리미엄 도시락이라면 이정도 갖곤 어림없다'고 단호하게 말하더군요."

소비자는 함부로 지갑을 열지 않는다. 비싼 게 문제가 아니라 비싼 값을 치르고도 대가가 부실할 때 외면한다. 그러니 젊고 감각적인 딸의 입맛과 안목을 인정할 수밖에 없었다. 그냥 소불고기를 소고기 찹쌀구이로 바꾸고 오이와 파를 곱게 썰어 곁들이는 식으로, 같은 재료를 쓰더라도 조리법과 스타일링을 고급화했다. 집밥 같지만 일반적인 집밥 같지 않은, 조금 색다르고 한 번 더 정성을 쏟은 메뉴들이 새로 구성됐다.

지역의 요구에 맞는 도시락으로 고객 확보

딸의 오케이 사인이 떨어진 6월, 도시락키친의 문을 열었다. 강남에는 20~30년 된 아파트가 많은데, 그런 아파트단지 지하상가의 임대료는 꽤 싼 편이다. 지하지만 입구 쪽이라 칙칙한 느낌이 없고 이전에 밥집이 있던 곳이라 수도, 전기, 가스 시설이 다 되어 있는 것도 마음에 들었다. 초보 창업자가 한번 시작해보기에 여러 모로 적합한 점포였다.

도시락키친 매장은 30평대 아파트 부엌처럼 단출하고 깨끗하다. 일자형 싱크대와 작은 테이블이 있고 냉장고도 가정용이다. 어차피 주문 제작이기 때문에 매번 쓸 만큼만 재료를 사니까 큰 냉장고가 필요 없다. 이곳에서 날마다 적게는 6~8인분, 많게는 수십 인분의 도시락이 만들어진다.

도시락키친의 도시락은 다양하지만 그 가운데 인기 메뉴는 웨딩촬영

도시락과 프리미엄도시락이다. 웨딩촬영도시락은 강남에 웨딩촬영
스튜디오가 밀집해 있어서 인기 있는 아이템이다. 신랑, 신부, 친구들,
촬영 스태프 등이 촬영 중간에 짬짬이 먹을 수 있도록 메뉴를 구성했다.
네 가지 종류의 주먹밥 또는 한 가지 야채를 넣은 한입 쏙 김밥 중
하나를 주식으로 선택할 수 있고, 미니 크루아상 샌드위치, 과일, 음료가
포함된다.

"음식을 투명한 도시락 용기에 담고 파스텔톤 리본을 묶은 다음
신랑신부 이름을 새긴 명함을 끼워 전달하죠. 두 사람의 결혼을 축하하는
마음까지 담은 예쁜 도시락이에요. 이런 디테일이 고객을 한 번 더 미소
짓게 하고 도시락키친을 한 번 더 기억하게 한다는 딸의 조언 덕분이죠."
돈을 들여 홍보한 적이 없지만 웨딩촬영도시락의 주문은 일 년 내내
꾸준하다.

프리미엄도시락은 3만3,000원으로 가장 비싼 도시락이지만 역시 찾는
사람들이 많다. 처음에는 한 학회에 납품했는데 그때 학회에 참가했던
의사들이 개별적으로 주문을 해오기 시작했다. 모 대기업에서는 1년
가까이 매주 수요일 조찬 모임용으로 이 도시락을 주문하고 있다.

모든 도시락에는 고급 재료를 기본으로 사용한다. 소고기(호주산)
외의 모든 재료는 제철에 나는 국내산을 쓴다. 참기름, 국간장, 된장,
고추장, 고춧가루, 올리브유도 최상품을 사용한다. 어차피 소량 제작하는
도시락이라, 내 가족이 먹을 음식을 만들 듯이 좋은 재료를 아끼지
않는다.

"집밥 같으면서도 집밥이랑 달라야 한다고 딸이 계속 충고했어요. 엄마,
이건 빼자, 이건 바꾸자 잔소리 많이 들었죠. 예를 들어 감자채볶음은

7 / 혼자서도 잘할 수 있을까?

집밥 같이 속이 편하면서도 집밥 같지 않은, 특별한 정성을 담은 프리미엄도시락은
조찬 모임이나 세미나 등 품격 있는 자리의 한 끼 식사로 사랑받고 있다.
가장 맛있는 상태로 고객에게 전달하기 위해 하일순 씨가 직접 배달한다.

도시락 전문점, 도시락키친

집에서 해먹으면 맛있는데 도시락에 넣으면 색이 변하고 숨이 죽어서 초라해 보여요. 오이지나 어묵처럼 단가가 싼 재료도 쓰지 않아요. 영양가 높은 우엉, 연근, 더덕 같은 뿌리채소를 주로 넣고, 두부도 영양부추를 곁들여 유자드레싱을 뿌리죠."

도시락은 엄마가, 블로그 포스팅은 딸이

처음에는 도시락 한두 개도 주문을 받으려고 했다. 그런데 수지타산이 너무 안 맞았다. 1인분을 하더라도 나물은 한 단을, 고기는 일정량을 사야 한다. 재료가 남아도 신선도 문제가 있으니 다음에 쓸 수가 없다. 그래서 최소 주문 수량을 6~8인분으로 정했다. 배달까지 해야 하니, 단가를 맞추려면 어쩔 수가 없었다.

　음식은 최대한 식지 않도록 주문시간에 맞춰 간당간당하게 완성해 직접 배달한다. 가까운 강남부터 멀리 일산까지 배달을 간 적도 있다. 장보기부터 재료 손질, 조리, 담기, 배달까지 모두 일순 씨가 하는 일이다.

　가족이나 지인의 도움을 받아야 할 때도 있다. 주문이 많은 경우다. 힘에 부치는데 그렇다고 직원을 뽑을 수도 없다. 그때그때 주문량에 따라 일이 많거나 적은데다가 조찬용 도시락을 준비할 때는 새벽에 일을 해야 하니, 그 시간에 출근하라고 할 수도 없는 노릇이다. 허물없이 부탁하면 바로 달려와 도와줄 사람이 꼭 필요하다. 그럴 때 도시락키친에는 딸이나 큰언니가 구원투수로 나선다.

　딸은 도시락키친의 블로그 운영에도 큰 역할을 담당하고 있다. 하일순 씨는 창업 전에 요리학원뿐만이 아니라 컴퓨터학원까지 다녔다. 블로그를 운영하기 위해서다. 그래도 컴퓨터 환경에 익숙하지 않은 나이이다 보니,

딸의 도움이 필요했다. 블로그는 만드는 것보다 지속적인 관리가 중요하다. 딸 유 씨는 "검색 창에 수제도시락이나 도시락이라는 글자를 입력했을 때 도시락키친이 쉽게 검색되려면 새로운 글을 자주 등록해야 한다. 관련 키워드를 넣은 소소한 이야기를 주로 올린다"고 귀띔한다. 예를 들어 청담동 무슨 스튜디오 촬영장에 배달을 갔다 왔는데 신부가 예뻤다든지, 도시락에 대한 반응이 어떠했다든지 하는, 읽기 편안한 글을 블로그에 적는 것이다. 옷을 살 때도 구매 후기를 참고하듯이, 이런 구체적인 사례의 공유는 잠재 고객과 매출을 늘리는 데에 적지 않은 영향을 미친다.

도시락키친은 창업 후 1년쯤 지나면서 안정 단계에 접어들었다. 핸드폰에 번호가 뜨면 반가운 단골 고객도 크게 늘었다. 창업을 준비할 때 엄마가 처음 만든 도시락에 쓴 소리를 마다 않던 딸의 적극적인 개입과 협력이 없었다면, 도시락키친의 성공 스토리는 지금보다 조금 더 늦게 쓰였을지도 모르겠다. *written by* 은유

도시락 전문점, 도시락키친

도시락키친's Check Point

운영 포인트
지역에 어울리는
고급화 전략이
주효했다

치열한 도시락 시장에 도전장을 내는 순간부터 차별화한 아이템이 없으면
백전백패라고 봤다. 서울에서도 부촌인 강남 지역에서 창업하는 만큼
맛으로만 승부하는 데 그치지 않고, 재료와 요리 방법, 스타일링까지
최대한 고급화해 지역 소비자들의 입맛과 눈을 사로잡는 데 성공했다.

아이템 포인트
도시락 구성을
차별화, 고급화했다

도시락 종류를 정할 때 언제, 어디서, 누구와 먹는지 꼼꼼히 고려했다.
예를 들어 편육&안주하객도시락은 결혼식을 마치고 지방으로 내려가는
어르신들을 위한 도시락이다. 버스나 승용차에서 먹어야 하기 때문에
간편하면서 속에 부담이 없도록 메뉴를 구성했다. 강남에서 맛있다고
소문난 식당의 편육과 예약해야 하는 유명한 떡집의 두텁떡을 당일에
받아 도시락에 넣는다.

홍보 포인트
관련 검색어를 넣은
포스팅에 힘썼다

도시락 주문은 인터넷 포털 화면에서 검색어를 넣어 들어오는 경우가
많다. 따라서 홈페이지를 관리할 때 유입 키워드를 최대한 활용했다. 가령
도시락, 수제도시락, 맛있는 도시락, 웨딩도시락 등 예상되는 검색어를
다양하게 넣어 포스팅하는 것이다. 홈페이지를 만든 뒤 적어도 6개월은
지속적으로 글을 올리고 매일 관리해야 포털 검색에 쉽게 노출될 수 있다.

미래의 먹거리 소상공인을 위한 조언

도시락에 들어가는 반찬 종류는 적어도 다섯 가지 이상이에요. 그 많은
재료를 손질하고 만들려면 요리만 잘해서는 안 되고 손이 빨라야 합니다.
메인 음식 외에도 과일, 물, 수저와 포크까지 챙겨야 할 게 많아요. 맛있게
만들어 맛있는 상태로 배달하는 것도 관건입니다. 따라서 도시락집을
하려면 민첩성, 순발력, 꼼꼼함, 기동력 다 필요하다고 보면 됩니다.
맛의 트렌드 변화에도 민감해야 하죠. 요즘은 외식산업이 커지고
여행을 다니는 사람도 많아서 입맛이 전체적으로 고급화됐습니다.
젊은 세대는 퓨전 음식에도 익숙하고요. 그런데 저처럼 50대 주부들은
일손이 빠르지만 입맛이 옛날식인 경우가 많잖아요. 그래서 딸아이랑
새로운 맛집에 가보고 맛이 어떤지, 어떤 부분이 인상적인지 이해하고
분석하려고 늘 노력합니다. 물론 20대에서 60대까지 모두 좋아할 수 있는
메뉴도 계속 개발하고 찾아야 하죠.

도시락 전문점, 도시락키친

엄격한 기준을 지켜
믿음을 샀습니다

이유식 전문점, 아기숟가락 | 김경희, 안효석

어떻게 운영해야 할까?

"지역 기반의 이유식 전문점에서
가장 중요한 게 고객들로부터
인정받는 것이라고 생각했어요.
좋은 이유식을 만드는 데 그치지 않고
판매나 회원 관리, 위생 관리에도
엄격한 기준을 세우고 지켜나갔죠."

이유식 전문점, 아기숟가락

나를 소개합니다

김경희(34)

외식업체에 아르바이트로 들어갔다가
10년간 짬짬이 일하며 매니저까지 맡았다.
이때 고객 응대, 재료 관리, 매장 관리의
기술을 두루 익혔다. 입맛이 까다로운
연년생 아이들을 키우며 잘할 수 있는
일과 육아를 함께하기 위해 아기숟가락을
창업했다.

나의 브랜드를 소개합니다

아기숟가락

5개월부터 15개월 된 아기들을 위한
이유식 전문점이다. 내 아이에게 먹일 수
있는 좋은 재료만 쓰고, 매주 식단과 함께
인터넷 카페에 투명하게 공개한다. 당일
조리해 당일 판매하는 것을 원칙으로
하며, 아이들이 하루에 먹을 수 있는
분량만큼만 판매할 정도로 품질 관리에
철저하다.

안효석(34)

대학에서 산업공학을 전공하고
가전업체에서 근무하다 아내와 함께
아기숟가락 운영에 나섰다. 창업은
처음이었지만 꼼꼼한 성격과 전공을
십분 발휘해 사전 조사, 입지 선정, 운영
계획 수립 등에 주도적인 역할을 했다.

형태	매장(8.5평), 매장 판매, 배달 서비스
오픈	2012년 9월
개업 자금	약 4,500만 원
자금 조달 방법	퇴직금+저축한 돈
주 고객층	20~40대 아기 엄마들
월 매출	700만 원 이상
주소	인천 부평구 길주남로 157 태성프라자
전화	(032)506-2610
인터넷 카페	www.thebabyspoon.com

아기숟가락

이유식단계	이유식 용량	금액
초기 (미음)	100g(ml)	→ 2900원
└ 선양곡물 ... 1~2가지 재료를 선택하여 조리합니다.		
초중기	150g	→ 3300원
	200g	→ 3800원
└ 닭고개이들 ... 영양 단계 · 선양곡물		
중기 (죽)	150g	→ 3300원
	200g	→ 3800원
(우밥)	150g	→ 3700원
	200g	→ 4000원
완료기 (진밥)		
2가지		→ 4100원
		→ 4400원
(덮밥)		→ 4100원
		→ 4400원

'아기숟가락' 대표 김경희,
안효석 씨 부부(왼쪽부터).

'아기숟가락'의 하루

07:00~11:00	● 재료 손질 및 조리
12:00	● 배송 시간 및 배달 리스트 체크(배달 13:00~17:00)
13:00	● 주방 정리
14:00	● 육수 내기
15:00~17:00	● 재료 준비
18:00	● 다음 날 주문 수량 확인
19:00	● 영업 마감

입맛 까다로운 연년생 키우며 이유식에 주목

자영업은 고독한 직업이다. 가게 운영의 하나부터 열까지 스스로 알아서
해야 한다. 직장처럼 상사에게 보고를 해야 하는 것도 아니고, 안 한다고
뭐라 하는 사람도 없다. 사람이 하는 일인 만큼 느슨해지기도 쉽다.
그래서 스스로를 틀 안에 밀어넣고, 그 틀에 맞춰 움직여야 제대로
운영이 가능하다. 안효석 씨가 창업을 하면서 스스로 '사업계획서'를
작성한 것도 그 때문이다.

"분기별 목표, 연간 목표, 장기 목표를 정하고 그에 맞춰 할 일들과
일정을 정리했죠. 지금까지 분기마다 혹은 반기마다 실행 상황을
점검해오고 있습니다."

창업이 처음이라는데 허술한 부분이 보이지 않는다. 이야기를 듣다
보니 운영만 철저한 게 아니라 창업 준비 과정도 참 꼼꼼했다. 안효석
씨와 부인 김경희 씨가 함께 운영하고 있는 가게는 이유식 전문점
'아기숟가락'이다. 인천 부평구 부개동에서 2012년에 오픈했다. 창업
전에 안효석 씨는 직장에 다니고 있었고 김경희 씨는 전업주부였다. 당시
연년생 형제를 키우면서 경희 씨의 고민이 컸다.

"첫째 아이가 차가워도 안 먹고 뜨거워도 안 먹고 냉장고에 한 번
들어갔다 나온 것도 안 먹어서 고생했거든요. 둘째 아이는 계란하고 땅콩
알레르기가 있었고요. 아이들 입맛이 예민하니까 어떻게 하면 잘 먹일까
늘 고민했죠. 이유식 책을 보면서 공부를 많이 했는데 그렇게 쌓인 정보가
창업하는 데 큰 밑거름이 됐어요."

머릿속에 온통 이유식 생각이 가득했던 그때, TV를 보는데 이유식
전문점을 창업한 어느 주부의 이야기가 소개되었다. 어떤 곳일지

궁금하기도 하고 이유식 정보를 좀 얻을까 해서 직접 찾아갔지만 결과는
실망스러웠다. 위생 상태, 맛, 분위기까지 다 기대 이하였다. '이 정도
가게가 방송에 소개될 정도이니, 내가 하면 더 잘할 수 있겠다'는 확신이
든 경희 씨는 둘째 아이가 조금 크면 취직하려던 계획을 바꿔 창업을
생각하게 됐다.

5~15개월 영유아 밀집지역을 찾아라

안효석 씨는 아내의 창업 과정에 든든한 파트너가 됐다. 회사를 그만두고
아내와 함께 창업을 준비했다. 이유식 전문점은 목표고객층이 명확한
업종이다. 효석 씨는 실수요자인 5~15개월 아기들이 많이 사는 지역을
찾기 위해 산업공학 전공자답게 통계자료부터 뒤졌다. 통계청 사이트에서
동별 출생신고 상황을 검색하고 100명 이상 되는 어린이집 설립 통계치도
참조했다. 서울 경기 인천권에서 유아 인구밀도를 조사하니 부평구
부개3동이 10위 안에 있었다.

"이 동네에서 창업해야겠다고 마음먹고 가게 자리를 알아보러 다녔어요.
대로변의 유동인구가 많은 곳은 시끄럽고 먼지가 많아 엄마와 아기들이
드나들기에 오히려 안 좋더군요. 비용 문제도 고려해야 했고요. 다행히
권리금이 없는 상가건물 1층의 아담한 공간을 구할 수 있었습니다. 앞
도로가 널찍해 유모차가 접근하기 좋고, 근처에 소아과가 두 곳 있어 입지
조건이 좋아 보였어요."

효석 씨가 틀을 잡아가는 동안, 경희 씨는 한국소상공인컨설팅협회에서
테이크아웃 이유식 전문점 교육과정에 등록했다. 늦여름 따가운 햇살을
물리치고 9월부터 한 달간 새벽 6시에 집을 나서서 충북 청주를 오갔다.

이유식 전문점, 아기숟가락

그 덕분에 이유식 정보를 체계적으로 정리하고 한 단계 업그레이드할 수 있었다.

가게 인테리어는 비용을 줄이기 위해 부부가 직접 팔을 걷어붙였다. 경기도 성남의 분당에서 성업 중인 키즈카페들을 방문해 공간 구성, 벽지 색깔, 조명 등 아이들에게 맞는 인테리어 요소들을 꼼꼼히 체크했다. 안효석 씨는 가게 안에 아이들을 위한 좌식 공간을 두기로 하고 8.5평 가게의 설계도를 직접 그렸다. '아기숟가락'이라는 브랜드 이름을 정하고 로고를 디자인하는 일까지, 두 사람은 때로 밤을 새워가며 하나하나 창업 퍼즐을 맞춰갔다.

이유식에 '며느리도 모르는' 비법은 없다

"3년 전만 해도 이유식 전문점이 많지 않았어요. 벤치마킹하거나 롤 모델로 삼을 만한 사례가 없었죠. 육아 경험과 요리책, 소아과 의사의 육아책 등 참고할 만한 것들은 모두 참고했어요. 시중에 나와 있는 이유식 책들을 다 구입해서 공통된 조리법과 단계별 강조점을 추린 다음 아기숟가락만의 메뉴들을 하나하나 정리해나갔죠. 직접 만들어서 먹어보고, 이웃에 나눠줘서 아기들이 잘 먹는지도 살피고요. 다행히 반응이 좋아 힘이 났죠."

김경희 씨가 하나하나 만들어 먹어보고 리스트에 올린 합격 레시피만 1,000여 개, 파일 4~5권 분량이다. 하지만 여기에 '며느리도 모르는' 비법은 없다. 이유식은 다양한 양념이 들어가거나 조리 방법이 복잡한 요리가 아니다. 오로지 아기에게 필요한 영양소가 든 좋은 재료를 써서 깨끗하고 정성스럽게, 먹기 좋게 조리하는 것이 관건이다. 김경희 씨는 아이들 음식에 온 신경을 썼던 엄마이기에 고객의 마음, 즉 엄마들의 눈높이와 요구사항을 누구보다 잘 이해하고 있었다.

우선 식재료부터 가장 좋은 것을 골랐다. 멥쌀, 찹쌀, 잡곡은 유기농이나 무농약, 친환경 인증 제품을 쓰고 소고기는 국내산 한우 1등급 이상, 닭고기 또한 국내산을 쓴다. 또한 모든 재료는 사진을 찍어 매주 아기순가락 인터넷 카페에 공지한다.

"식재료는 농협 매장에서 구입합니다. 재래시장이 더 싸지만 중국산이 국내산으로 둔갑하는 등 원산지 표시가 불분명해서요. 또 아직까진 카드나 현금영수증이 안 되는 곳도 많고요. 저희는 매출 증명을 하기 편하도록 꼭 카드로 결재하거든요. 그래야 세금 문제도 깔끔해지죠. 음식을 만들든지 경영을 하든지 투명하고 정직하자는 게 저희의 일관된 원칙입니다."

이유식 재료는 일일이 손으로 손질한다. 콩이나 잡곡처럼 단단한 종류만 믹서기에 갈고 채소와 고기는 칼을 이용해 손으로 다진다. 또한 이유식의 깊은 맛을 내기 위해 매일 공들여 육수를 내는데, 집에서 조금씩 끓이면 맛이 잘 안 나는 소고기, 닭고기 육수를 주로 만든다.

좋은 재료로 당일 조리, 당일 판매

아기순가락은 초기, 중기, 후기, 완료기까지 네 단계 30여 종류의 이유식을 판매한다. 제철 재료를 사용하는 등의 이유로 한두 달마다 이유식 메뉴를 바꾸기 때문에 연간 계산하면 300여 종에 이른다. 또한 모든 이유식은 당일 조리, 당일 판매가 기본이다. 어떤 음식이든 바로 먹는 게 맛있고 위생적이며, 아기들 음식이라면 더욱 그래야 한다고 판단해

택배 판매도 하지 않는다. 대신 집에서 잘 움직일 수 없는 엄마 고객들을
위해 2팩(가장 저렴한 이유식 제품을 기준으로 볼 때 5,800원) 이상
주문하면 집까지 배달해준다. 배달 가능 지역은 인천 부평구, 계양구와
경기도 부천시 상동 일부다. 경희 씨는 아이들에게 맛있는 이유식을
먹이고 싶은 엄마들에게 아기숟가락이 '우리 지역의 믿을 만한 이유식
업체'로 인정받기만 해도 바랄 게 없다고 말한다.

　"대형 이유식 업체에서는 인터넷 주문이 가능하고 10팩을 사면 한 팩을
더 주는 서비스도 하죠. 한꺼번에 많은 주문을 받으면 물류비도 줄일 수
있고 그만큼 많이 팔 수 있으니까요. 그런데 이유식 3~4팩이 넘어가면
아이가 하루에 다 못 먹거든요. 가끔 일주일 치나 한 달 치를 달라는
분들이 계시는데, 저희는 만든 당일이나 늦어도 다음 날 안에 아이가
먹을 만큼씩만 팔아요. 쌍둥이네를 제외하면 저희 이유식이 7~8팩씩
배달 가는 집이 없어요."

　한꺼번에 많이 팔지 않는 대신 최대한 많은 고객을 확보하기 위해
오픈하면서부터 회원제 시스템을 도입했다. 현재는 개별 주문보다 월간
단위 회원의 주문이 많은 상황. 회원이 확보되면 주문량을 예측할 수
있고, 재료를 냉장고에 보관하는 기간도 최소화할 수 있어 신선도 유지에
유리하다. 아기숟가락의 월간 회원은 평균 100여 명. 회원은 주3회
이상 이유식을 받는 월간 회원, 30팩 단위로 받는 정기팩 회원 등으로
나뉘는데, 회원에게는 5~10% 할인 혜택을 준다. 아기의 월령이 차서 다음
단계의 이유식이 필요해질 때쯤에는 시식용 이유식을 보내 회원들이
아기의 단계에 맞는 이유식을 쉽게 선택할 수 있도록 돕는다.

8 / 어떻게 운영해야 할까?

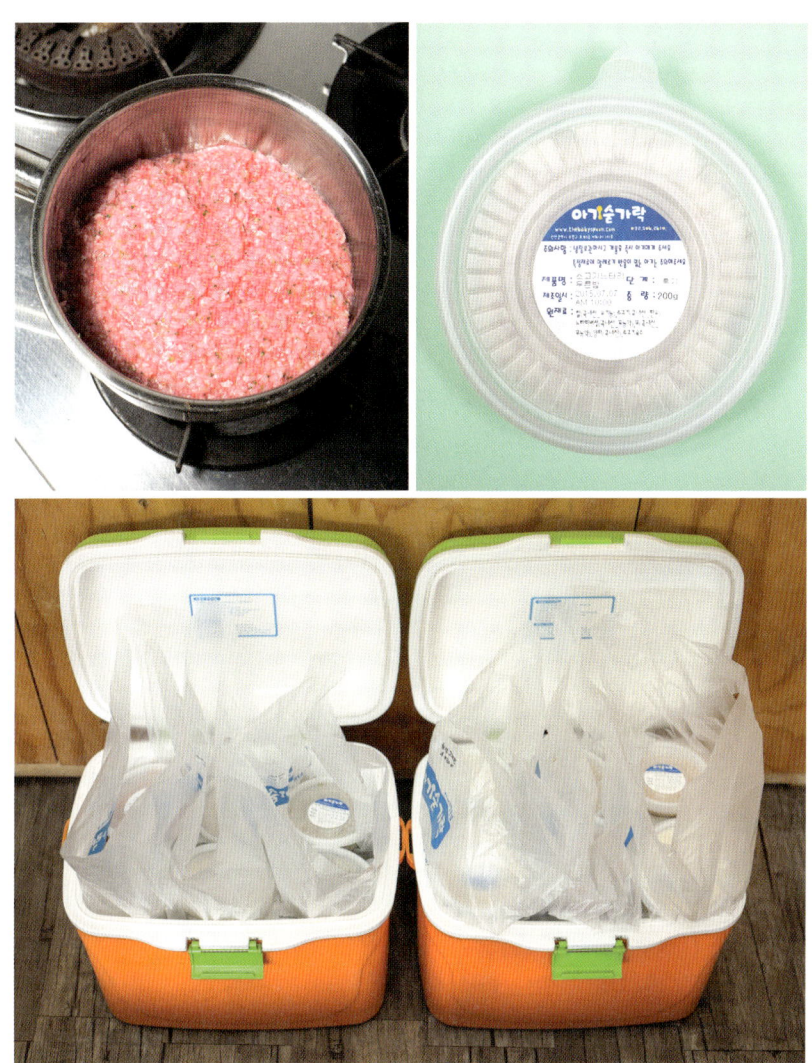

아기숟가락의 인기 이유식인 소고기느타리무른밥(위).
이유식 용기에는 제조일시와 원재료를 표시한 스티커를 붙인다.
2팩 이상 주문하면 집까지 배달해준다.

163

품질은 최고로, 홍보는 최소한으로

창업 한두 달은 적자를 면치 못했지만, 비용이 많이 드는 홍보 방식은
일절 배제했다. 인근 대단지 아파트의 장이 열릴 때 이유식 시음회를
열고 전단지를 나눠주거나 지역 온라인 카페 두 곳에 협력업체로 등록해
아기순가락 이유식의 장점을 알려나가는 정도로만 조용히 움직였다.

"아기 키우는 엄마들은 어린이집, 병원, 문화센터, 육아커뮤니티 등에서
온갖 정보를 나누기 때문에 소문도 참 빨리 퍼지거든요. 저희 제품의
장점을 누군가 알게 된다면 엄마들 사이에 알려지는 건 시간문제라고
생각했어요." 안효석, 김경희 씨의 예상은 적중해, 아기순가락은 창업
4~5개월째에 손익분기점을 넘어섰다. 어느 정도 자리를 잡자 방송 출연
제의도 있었지만 응하지 않았다. 아이 음식 만드는 곳에 방송 제작진이
몰려오는 것도 위생적으로 좋지 않고, 지금의 사업 규모에서 무조건
알려져 감당하기 어려운 유명세를 타는 것보다 기존의 고객들에게
믿을 만한 제품을 공급하여 지역 상권에서 탄탄히 뿌리내리는 게 더
중요하다는 판단에서다.

현재 아기순가락의 매출은 안정적인 편이다. 인기 이유식이
많지만 쌀미음(초기), 고구마비트죽(중기), 소고기참깨무른밥(후기),
아기삼계탕(완료기) 등은 언니 오빠들이 먹고 자라고 동생들도 찾는
아기순가락의 스테디셀러다. 지역 배달 서비스를 이용하지 못하는 고객이
멀리서 직접 이유식을 사러 오는 경우도 있다. 승용차로 20~30분 걸리는
동인천에서 동네 엄마들을 데리고 온 손님도, 전철을 이용해 다른
지역에서 아기순가락을 찾아온 손님도 있었다.

"아기가 잘 안 먹어 속이 상했는데 저희 것은 잘 먹는다고 했던

고객들은 둘째 셋째 아기에게도 저희 이유식을 먹여요. 이사 간 뒤에도 아기숟가락 카페나 카카오채널에 응원 글을 올려주시고요. 동네를 지나다가 우리 이유식을 먹었던 아기들이 쑥 자란 모습을 보면 제가 키운 것처럼 보람을 느끼죠."

경희 씨의 정보력이나 친절도 단골 고객을 만드는 데 큰 역할을 했다. 고객이 찾아오면 때로는 친구처럼, 때로는 상담사처럼 육아 정보를 나누고 공유했다.

"엄마들이 와서 이유식만 물어보는 게 아니라 어린이집, 병원, 용품 정보 다 물어보거든요. 아이가 자라면 이유식이 끝나니까 항상 젊은 엄마들로 고객이 바뀌고요. 그러니 늘 새로운 정보를 알고 있어야 해요. 유아박람회 같은 게 열리면 가서 꼭 보고 오는 것도 그 때문이죠. 젖병이나 빨대 병 같은 작은 용품부터 유모차까지 요즘 이런 게 괜찮은 것 같다고 추천도 해드리고. 그러면서 고객들이랑 친해져요."

얼마 전에는 시흥에 아기숟가락 2호점이 생겼다. 어떤 부부가 지점을 내고 싶다고 찾아왔는데, 직업이 조리사와 영양사인데다 아이 키우는 부모라는 점에서 신뢰가 갔다. 본점에서 그리 멀지 않은 지역이니, 브랜드 홍보에도 도움될 것 같아 컨설팅 비용도 받지 않고 레시피를 비롯해 창업 노하우를 기꺼이 공유했다. 아기숟가락으로 큰돈을 벌거나 사업을 크게 벌일 생각은 아직 없다. 다만 장기적인 전망을 항상 점검하고 목표를 업그레이드하면서 머무르지 않는 삶을 살기 위해 노력할 생각이다.

창업 후 3년이 지났다. 매일 아침 새벽 5~6시에 일어나 저녁 7시까지 눈코 뜰 새 없이 바쁜 하루를 보내고 있지만 부부는 만족한다. 귀염둥이 세 아이와 함께 '저녁이 있는 삶'을 살아갈 수 있어서다. *written by 은유*

아기숟가락's Check Point

운영 포인트
보이지 않는
위생 관리에도
철저했다

어떠한 재료도 냉장고에 일주일 이상 두지 않는다. 냉장고 문에 각 재료의 유통기한을 표시해서 붙여두고 수시로 체크한다. 냉장고 및 식기류 소독제는 인체에 해롭지 않은 베이킹소다와 구연산을 사용한다. 식기나 냄비류는 표면이 벗겨지지 않는 스테인리스 제품을 쓰고 사용 즉시 소독해서 말린다. 주방 신발과 홀 신발을 별도로 사용하고 매일매일 매장 전체 대청소를 실시한다.

아이템 포인트
해산물과
표고버섯은
사용하지 않는다

3.11 후쿠시마 원전 사고 이후 새우, 다시마, 흰살 생선 같은 수산물과 표고버섯을 사용하지 않고 있다. 국내 수산물은 안전하겠지만 일본산이 국내산으로 둔갑할 수도 있기 때문이다. 표고버섯도 인공방사능을 흡착하는 것으로 알려져 재료에서 제외했다. 안전 먹거리 정보는 기사로 확인하는 즉시 반영하고, 관련 단체를 찾아 강연을 듣기도 한다.

인테리어 포인트
이유식을 먹일 수 있는
공간을 만들었다

부엌은 통유리를 사용해 매장 밖에서 조리 과정을 지켜볼 수 있도록 했다. 매장이 그리 크지 않지만, 그림책과 장난감을 갖춘 좌식 공간을 마련해 엄마와 아기가 잠시 쉬거나, 편안한 분위기에서 아이에게 이유식을 먹일 수 있도록 했다.

미래의 먹거리 소상공인을 위한 조언

아기숟가락 바로 옆에 소아과 병원이 있는데, 그곳에 들른 후 아기 이유식을 사러 오는 엄마들이 많거든요. 변비나 감기, 배탈 같은 아기의 건강 상태를 언급하면서 어떤 이유식을 먹여야 하는지 묻는 분들이 적지 않습니다. 그럴 때는 기초 상식과 저의 육아 경험을 토대로 몇 가지 메뉴를 추천해 드리는데, 다들 좋아하세요. 이처럼 이유식 전문점을 운영하려면 아기들의 건강 정보와 상식에도 밝아야 해요. 부부가 함께 창업해서 한 공간에서 일하다 보니 꼭 필요한 게 두 가지 있더군요. 첫째는 아이 봐줄 사람, 둘째는 대화입니다. 일하는 시간이 늘 겹치니까 급할 때 아기를 맡길 곳이 꼭 있어야 합니다. 또한 서로 대화를 많이 해야 문제를 쌓아두지 않고 바로바로 풀 수 있어요. 대화할 여건이 되지 않을 때는 메모나 문자메시지로라도 소통합니다. 시시콜콜한 대화도 자주 하다보면 좋은 아이디어가 떠오를 수 있지요.

이유식 전문점, 아기숟가락

회원제 운영이
안정적인 매출 확보에
도움됐습니다

반찬가게, 소중한 식사 | 소정윤

고정 매출을 확보할 방법은 없을까?

"내 브랜드로 재창업한 뒤

매출이 두 배 이상 올랐어요.

반찬을 만드는 전 과정을 직접 관리하고

맛과 서비스를 개선하니

단골손님이 저절로 늘어났죠.

이름뿐인 회원이 아니라 일주일에 한 번은

찾아오는 진성 회원이 많습니다."

반찬·도시락 소중한식사 소자 T.8017.1407

Take-out Food Cafe   8017-1407

soioonqkan sics

영업시간
OPEN 09:00
CLOSE 20:30
★일요일은 쉽니다★

SECOM

CESCO

welcome

반찬가게, 소중한 식사

나를 소개합니다
소정윤(38)

———————————————

고등학생 때 이민 간 호주에서
의상디자인을 전공하고 한국에 돌아와
대기업 프랜차이즈 사업부에서 근무했다.
29세에 결혼하면서 신부수업을 위해
배운 요리에 흠뻑 빠졌다. 딸 둘을 낳고
'자아 찾기'를 고민하다가 2013년에
처음 프랜차이즈 반찬가게를 냈지만
품질과 운영 방식에 실망해 돈만 날리고
계약해지를 해버린 전력이 있다.

나의 브랜드를 소개합니다
소중한 식사

———————————————

내 아이도 먹일 수 있는 좋은 재료와
감각 있는 레시피로 170여 가지 반찬을
만들어서 판다. 일을 하다 보니 가족이
함께 모일 때가 식사 시간밖에 없더라는
생각에 '소중한 식사'라는 이름을 짓게
되었다. 단골들은 줄여서 '소식'이라고
부르는데 적게 먹기, 반가운 소식을
떠올리게 하는 중의도 좋다.

형태	매장(10평), 매장 판매
오픈	2014년 7월
개업 자금	1억 원
자금 조달 방법	대출
주요 품목	밑반찬과 매일반찬, 김치, 장아찌, 수제 양념장 등 170종 이상
주 고객층	20~50대 직장인과 맞벌이 가족, 입맛 깐깐한 노년층
월 매출	4,500만 원
주소	경기도 성남시 분당구 운중로 239
전화	(031)8017-1407
블로그	www.mydinner.kr

9 / 고정 매출을 확보할 방법은 없을까?

sojoon

'소중한 식사'의 하루

08:00~	반찬 만들기
09:00	영업 시작, 장보기(~12:00)
20:30	영업 마감
21:00	2차 장보기
23:00~	회계 관리 등

먹거리 장사는 매일 팔리는 양을 예측하기 어렵다. 그와 상관없이 항상 균일한 맛과 서비스를 준비해 제공해야 하기 때문에 손님이 적은 날은 많은 식재료와 만들어둔 음식을 버리기 일쑤다. 따라서 음식점의 매출 관리는 판매량 늘리기와 함께 낭비를 최소화하는 재고관리를 동시에 고려해야 하는데, 가장 좋은 해법은 단골손님을 많이 확보하는 것이다. 단골이 많은 가게는 수요 예측이 쉬워 재고관리도 잘 되고, 무엇보다 매일 고정적인 매출로 안정된 운영이 가능해진다.

그렇다면 단골을 늘리는 방법은 무엇일까? 창업 초보자들을 현혹하는 프랜차이즈 업체들은 탄탄한 브랜드 인지도와 많은 회원수를 장점으로 내세운다. 이미 알려진 브랜드 파워에 지역별로 확보된 회원 리스트만으로도 안정된 고정매출을 가져갈 수 있다는 것이다. 하지만 과연 그럴까? 판교신도시에서 프랜차이즈 반찬가게를 오픈했다가 큰 실패를 보고 자신의 브랜드로 재창업에 성공한 '소중한 식사' 소정윤 씨는 그와 다른 반전의 스토리를 들려준다. 단숨에 쉽고 편안한 창업 방법으로 프랜차이즈 점포 운영을 염두에 두고 있는 사람이라면 소정윤 대표의 이야기를 귀담아 들을 필요가 있다.

성급함이 낳은 선택, 프랜차이즈

소중한 식사는 2014년 7월에 문을 열었다. 하지만 같은 자리에서 프랜차이즈 반찬가게를 운영한 이력이 있으므로, 이곳의 역사는 간판을 바꿔 달기 이전과 이후로 나뉜다. 이전의 프랜차이즈 점포가 창업 초보 소정윤 대표의 잊고 싶은 '흑역사'라면, 그녀의 요리 철학을 한 땀 한 땀 녹여낸 새 브랜드는 완벽한 현재와 멋진 미래 설계의 새 역사를 써가는 중이다.

　먼저 창업자의 이력을 간단히 보자. 고등학생 때 호주로 이민 가서 의상디자인을 전공한 소정윤 씨는 유학생 남편과 연애해 결혼하면서 한국에 다시 정착했다. 경기도 분당에서 지금 초등학교 3학년과 6살인 두 딸을 낳아 키우는 동안, 내내 일하고 싶은 욕구에 시달렸다고 한다. 결혼 전에는 대기업 프랜차이즈 사업부에서 일하며 요식업계의 생리를 익혔던 그녀다. 신부수업을 위해 요리와 제과제빵을 배우면서 다시 공부해서 요리연구가가 되고 싶다는 꿈도 꾸었다. 하지만 내 며느리는 아이들 잘 키우고 남편 내조 잘하는 사람이면 좋겠다는 시댁 어른들의 바람에 다 내려놓고 결혼한다. 결혼 후 실현 가능한 '내 일'을 찾아 호주에 판권이 있는 프랑스 액세서리 브랜드를 국내에 수입·판매하는 온라인 사업을 시작했지만 첫 아이를 임신하면서 그만두게 된다. 둘째아이 임신 중에는 고모가 경영하던 빵집을 6개월간 대신 봐주면서 고객을 대하는 서비스업이 적성에 맞는다는 것을 알았다. 그렇게 시간이 더 흘러 놓치기 아까운 창업의 기회가 찾아왔다.

　"딸만 넷인 가정에서 비교적 독립적으로 자라서인지 항상 내가 쓰는 돈은 내가 벌어야 한다는 생각이 있었어요. 이제는 딸을 키우는 엄마 입장에서 당당하게 일하는 모습을 보여주고 싶었고요. 시댁 어른들의 반대가 걸림돌이었는데, 마침 시아버님이 보유한 상가 건물에 편의점 자리가 비었어요. 내가 창업을 한다면 저 자리가 좋겠다고 몰래 점찍어둔 곳이었거든요. 이 기회를 놓치면 안 되겠다 싶어 용기 내서 말씀드렸죠. 저 자리를 제가 임대하겠습니다, 하고요."

　그 즈음 분당·인천권에서 자리를 잡아가던 프리미엄 반찬가게가

가맹점을 모집한다는 소식이 들려왔고 지인으로부터 소개도 받았다. 며느리 손맛이 남다르니 반찬가게라면 그럭저럭 잘하겠다, 프랜차이즈 점포는 관리도 쉬울 테니 아이를 키우면서도 할 수 있겠다고 판단한 시댁의 허락도 있었다.

　남편의 응원으로 1억 원을 대출 받아 가게를 차렸다. 판교신도시는 상가 시세가 강남권과 비슷하다. 10평짜리 1층 공간에 보증금 3,000만 원, 월세 240만 원. 시댁 건물이지만 값을 제대로 치르고 들어갔다. 지하상가라면 훨씬 싼 곳도 있겠지만, 보통은 지하에서 어떻게 만들어지는지도 모르고 사먹던 '음지'의 반찬을 '양지'로 끌어내야 한다는 소신이 반찬가게 사장치고는 신세대인 그녀에게 있었다. 그밖에 프랜차이즈 공용 인테리어에 3,500만 원, 본사 물품 구입비로 1,000만 원 이상, 가맹점 교육비 400만 원, 계약비 300만 원 등 프랜차이즈 비용으로만 5,000만 원이 넘게 들어갔다. 실질적인 집기류 구매는 1,000만 원이면 족했다.

　"지금 다시 창업한다면 비용을 2,000만~3,000만 원은 줄일 수 있을 거예요. 일단 인테리어비가 너무 많이 들었어요. 본사에서 천장 장식에 꼭 외국산 자작나무를 써야 한다고 해서 그 가격만 1,000만 원이 나갔죠."

나다운 가게를 찾아가는 과정

후회는 가게를 운영하면서 밀려왔다. 본사에서 제조해 공급하는 반찬 외에 매장에서도 반찬을 만들어 팔 수 있다고 했지만 제약이 컸다. 납품받는 반찬 공급원가도 처음에는 정가의 60퍼센트를 얘기했지만 품목에 따라 75~80퍼센트에 이르기도 하고, 정량에 못 미치는 반찬이 들어오는 경우도 적지 않았다. 가끔 반찬에서 이물질이 발견될 때는 화가

부글부글 치밀었다.

그러다 매장에서 당일 판매한 국이 상했다는 고객 불만을 접수했다. "죄송합니다. 매장으로 가져오시면 바로 조치해드리겠습니다" 하고 응대했는데 상대 고객이 "기가 막히다. 매장으로 찾아오란다" 하며 성토하는 글을 인터넷 지역 커뮤니티에 올려 논란이 일었다. 소정윤 대표도 회원으로 가입된 커뮤니티라 곧바로 자초지종을 담은 사과문을 올렸더니 이해하는 분들도 있고 해서 사태는 진정되었지만, 상처가 크게 남았다.

"너무 속상했어요. 인터넷 공간이 무섭기도 하고. 물론 제 매장 제품에 문제가 있었으니 전적으로 제 잘못이죠. 더는 이렇게 운영해서는 안 되겠다는 생각이 들었어요. 그래서 본사에 계약 해지를 요청하고 직접 내 브랜드로 재오픈을 하게 되었죠."

프랜차이즈를 그만두고 독자 브랜드를 단 뒤 몇 달 지나서는 더 큰일이 터졌다. 설사가상으로 그 브랜드가 식품제조가공업 허가조차 받지 않은 무면허 업체였다는 것. 가맹점만 10곳 이상 거느렸던 모회사가 그렇게 체계 없이 운영되고 있을 거라곤 상상조차 못했다. 결국 지점을 운영했던 소정윤 씨는 무허가 제조품의 유통에 관여한 셈이 되어 경찰 조사를 받고 영업정지 두 달에 벌금 1,800만 원 처분을 받는다.

"당시 통장에 남은 돈이 대출금 1억 원에 마이너스 3,000만 원이었어요. 벌금을 낼 돈도 없었죠. 집에는 말도 못하고 전전긍긍하고 있으니 몇 달 뒤에 경찰서에서 벌금을 내거나 한 달 영업정지를 받으라는 조정 요청이 왔어요. 영업정지를 받겠다고 했죠. 가게를 한 달간 문 닫으면서 얼마나 수치스러웠는지 몰라요."

179

9 / 고정 매출을 확보할 방법은 없을까?

영업정지 한 달은 뼈아팠지만 이왕 엎어진 거, 다른 기회로 활용하기로 했다. 영업정지 기간 동안 매장 홀 공간을 줄이고 주방을 넓혔다. 재창업 후 170가지가 넘는 메뉴를 매장에서 직접 만들다보니 주방이 비좁은 것이 고민이었다. 손보는 김에 아예 주방을 홀에서 훤히 들여다보이는 오픈키친 구조로 만들었다. 반찬을 사러 온 고객들이 주방의 청결 상태와 조리 과정을 직접 눈으로 보면 더 안심할 것 같았다.

내 아이도 먹는 소중한 반찬들

현재 소중한 식사에는 주방 3명, 홀에는 교대로 3명이 돌아가며 근무한다. 이전에 비하면 고용 규모만 2배다. 이들이 직접 만들어 매일 홀에 진열하는 반찬 메뉴가 170종에 달하고, 포인트를 적립하는 단골회원 수가 이전 2,000명에서 4,000명으로 늘었다. 맛도 품질도 좋은 데다 세련된 감각까지 더한 메뉴들이 즐비하다. 동네 주부뿐 아니라 퇴근하는 남편들이 찾는 곳, 친정엄마와 시어머니들이 딸과 며느리를 데려오는 '안심 가게'가 된 것도 이전과 사뭇 달라진 풍경이다. 무엇보다 월 매출 4,500만 원이라는 성적이 엄청난 변화를 입증한다.

휘청거리던 반찬가게가 이렇듯 큰 고비 없이 새 출발에 성공할 수 있었던 비결은 뭘까. 소정윤 씨는 소중한 식사의 문을 열면서 기존 회원들에게 인사 문자를 한 통씩 돌렸다. '이제 매장에서 모든 음식을 직접 만듭니다. 내 아이도 먹을 수 있는 건강하고 맛있는 반찬들을 선보일 테니 믿고 찾아와주십시오.' 이는 스스로에게 하는 약속이자 다짐이기도 했다. '내 눈앞에서 일어나는 일 외에는 아무것도 믿지 않는다.' 뼈아픈 실패로부터 교훈을 얻고 그녀는 이전과 확 다른 전문경영인의 길로 들어섰다.

"사실 프랜차이즈 업체에서 말하는 회원수라는 게 공허해요. 말이
회원이지 1년에 한 번도 찾아오지 않는 유령 고객이 대부분이거든요. 지금
회원 중에는 적어도 일주일에 한 번 이상 찾아오는 진성 고객이 많다는
것이 큰 변화입니다. 얼굴을 자주 대하다 보니 고객이 반찬을 좋아하는
취향도 알게 되어 새 메뉴가 나왔을 때 적절하게 권하기도 하죠."

고객 관리란 이처럼 마음으로 하는 일이다. 친절을 기본으로 고객과
적극 소통하며 의견을 반영해 나가려는 자세가 먼저다. 경영자의 이런
태도가 매장 곳곳에서 드러나면 우연히 들른 고객도 바로 단골이 될
수 있다. 물론 그 전에 최고의 맛과 서비스를 준비하고, 그것이 언제
누구에게라도 동일하게 제공될 수 있도록 운영 매뉴얼을 갖춰야 한다.
소중한 식사처럼 여러 명의 직원이 교대하며 일하는 환경에서라면 더욱
그렇다.

소정윤 씨는 먼저 솔선수범하는 자세로 장보기부터 직접 하기
시작했다. 반찬가게는 모든 식재료를 빠짐없이 갖추고 관리해야 해서
흔히 음식점보다도 운영이 어렵다고 한다. 보통은 주방 직원들이 부족한
식재료를 체크해 아침마다 배달 오는 공급업체로부터 받아서 채우는데,
그런 배달 식재료들이 최상급 품질이 아니라는 점이 마음에 걸렸다.
재고 관리도 주방에만 맡기면 아무래도 허술해서 보관 중에 신선도가
떨어지고 버려지는 것들이 많다.

"가락시장에 처음 갔을 때가 생각나요. 제가 소매 손님인 줄 알고 자꾸
퇴짜를 놓는 거예요. 예를 들어 옷 도매시장에 가면 '깔별로 주세요'
하는 식의 전문용어가 있잖아요? 제가 그런 걸 모르니 무시한 거죠.

그래서 포기하고 며칠 다시 식재료를 받다가 품질이 영 성에 안 차서 몇 마디 전문용어를 배워서 다시 갔어요. 지금은 아예 물건 깐깐하게 고르는 사람으로 시장에 소문이 나서 상점마다 최상급 재료를 알아서 챙겨뒀다가 줘요. 도매시장에 가서 반찬가게 운영한다고 하면 보통은 B급, 하급 물건을 내주거든요. 저는 무조건 국산만 찾고 그것도 최상급이 아니면 안 가져가니까 소문이 난 겁니다."

소중한 식사의 두 번째 핵심 전략은 매일 만드는 건강한 반찬이다. 아무리 좋은 재료로 만들어도 하루가 지나면 맛이 떨어지기 때문에 김치와 장아찌, 일부 간이 센 밑반찬을 제외하고는 반찬도 국도 죽도 모두 매일 소량씩 만들어 그날 소진하는 것을 원칙으로 삼는다. 건강한 맛을 위해 합성조미료도 일절 사용하지 않는다. 주방에서 일하는 직원을 뽑을 때는 조미료를 쓰는지 꼭 물어보고 조금이라도 쓴다고 하면 뽑지 않는다. 요리는 오래된 습관이며 스타일이라, 그런 이들이 조미료 없이 맛내는 법을 알기는 어렵다고 생각해서다.

요리도 디자인이다

소중한 식사에서 파는 메뉴는 모두 소정윤 씨가 직접 만들어본 것들로서 그녀의 아이디어에서 나온다. 요리 자격증은 없지만 소질은 확실히 있는 것 같다는 그녀는 '요리도 디자인'이라는 남다른 철학을 갖고 있다. 그 때문에 같은 음식이라도 시각적인 만족감을 놓치지 않고 재료 선택과 배합, 조리법 등에서 시대적 트렌드를 발 빠르게 담아내려 한다.

"예를 들면 꽈리고추는 색을 잘 살리는 게 중요해요. 재료의 색감이 살아있어야 더 맛있게 보이거든요. 반찬을 식히는 과정에서 색이 변하는

183

것까지 고려해서 요리해야 합니다. 음식에 얹는 고명, 포장용기, 더 푸짐하고 맛있어 보이도록 담는 기술까지, 디테일한 부분에도 신경을 씁니다. 홀에 반찬을 진열할 때도 디자인을 먼저 생각해요. 초록색 나물 반찬들만 주르르 놓으면 손님들은 그게 다 한 종류의 반찬인 줄 알거든요. 사이사이에 알록달록한 색깔 반찬을 넣어 포인트를 줘야 해요. 그래야 좁은 매대에서 모든 반찬이 한눈에 들어와요."

요리의 맛뿐만 아니라 트렌드에도 관심이 많아 지금도 한 달에 한 번은 유명한 요리 강사의 특강을 들으러 다니고 요리 분야 신간도서들도 꾸준히 챙겨 본다. 요리 세계가 재미있는 것은 어차피 기본 재료들은 한정되어 있는데 늘 새로운 메뉴와 상차림 트렌드가 생겨난다는 것. 소정윤 씨는 그런 재미난 변화들을 소중한 식사의 매일반찬들에 적극 반영하는 편이다. 같은 반찬도 일주일에 한 번은 부재료를 바꿔 레시피에 변화를 주는데, 매일 저녁 퇴근하면서 주방 직원들에게 다음 날 교체할 반찬 목록을 정해주거나 필요한 경우 레시피와 예시 사진을 직접 만들어 보여준다.

"주방 직원들은 보통 주방 일만 20~30년씩 해온 마스터들입니다. 저마다 맛의 달인들이고 당연히 자기 스타일에 대한 고집이 강해요. 때로는 제가 드리는 레시피를 미더워하지 않는 분도 있어서 가능하면 사진을 보여드리고 맛내는 추가 팁도 드리면서 대화를 많이 나누려고 노력합니다. 몇 달 간 그렇게 일하다 보니 이제는 저의 방식에 무한신뢰를 보내주기도 하고요."

상대적으로 가게 홍보에는 별 재주가 없는 편인데, 고객들의 입소문을 타고 빠르게 알려져서 잡지와 방송 등에서 인터뷰 제의가 종종 들어온다.

한 잡지에 인터뷰가 소개된 뒤 프랜차이즈 문의가 들어오고 예비
창업자들이 가게를 구경하러 오기도 했다.

"프랜차이즈를 내는 건 전혀 관심이 없어요. 앞서 겪은 일 때문이기도
하고, 무엇이든 내 눈 앞에서 직접 관리할 수 있는 일이 아니면
하지 않으려고요. 큰 욕심 내지 말고 사고 없이 안전하게 가자, 그런
각오입니다."

소정윤 씨는 상황이 된다면, 프랜차이즈 말고 본사 직영점으로 도시락
카페 한 곳과 강남권에 분점 한 곳 정도를 내고 싶은 마음을 갖고 있다.
하지만 두 딸에게도 엄마와의 '소중한 식사' 시간이 필요하고 그 외에도
마음 써줄 일들이 많아 나중 기회로 미루고 있는 참이다.

하루한시가 참 바쁘지만 확실한 자기 일을 찾고 나서 삶의 만족도가
높아졌다는 소정윤 씨. 믿고 먹을 수 있는 '햇빛 잘 드는 1층의
반찬가게'로 분당·판교의 입맛을 사로잡은 그녀의 환한 웃음에 자신감이
가득하다. *written by* 박희선

소중한 식사's Check Point

운영 포인트
직접 장을 보며
제품의 질을
끌어올렸다

식당이나 반찬가게들은 아침마다 식자재를 배달해주는 서비스를 이용하는 경우가 많다. 그때그때 비어 있는 재료들만 체크해서 채워주기 때문에 편리하지만 소중한 식사는 대표가 직접 장을 본다. 하루에 정육점 한 번, 하나로마트 한두 번, 이틀에 한 번 꼴로 가락동 농산물도매시장 방문. 여간 품이 드는 일이 아니지만, 그 덕분에 반찬의 질을 월등하게 높일 수 있었다.

소량으로
매일 만들어
맛과 신선도를
유지했다

중요한 운영 원칙 중 하나는 반찬을 매일 만들어 그날에 다 파는 것이다. 아무리 재료가 좋아도 그날 만든 신선한 반찬이 아니면 맛이 떨어지기 때문이다. 장아찌와 김치, 장류를 제외한 국과 반찬은 그날 만든 것만 팔고, 콩자반과 멸치볶음 등 밑반찬도 이틀에 한 번씩 만든다. 남은 반찬은 저녁에 할인판매를 하고, 그래도 남으면 직원들과 나누고 집에 가져가 먹는다.

아이템 포인트
트렌드를 반영한
170가지 레시피를
갖췄다

소중한 식사의 반찬 메뉴는 170가지에 달한다. 직접 담근 김치 10종부터 서양식 반찬에 이르기까지 다양하고, 메뉴의 상당수를 차지하는 매일반찬도 일주일 단위로 레시피가 바뀐다. 대표가 꾸준히 요리 강습을 받는 한편 방송과 신간 요리서적 등을 체크하면서 급변하는 요리 트렌드를 그때그때 반영한다. 단골들이 물리지 않고 계속 찾는 중요한 이유다.

인테리어 포인트

오픈키친 구조로
품질에 대한
신뢰를 높였다

10평짜리 매장의 절반 이상이 주방이며, 주방에서 작업하는 모습을
홀에서 다 볼 수 있는 오픈키친 구조다. 찬모 3명이 청결한 공간에서
좋은 재료로 정성스럽게 반찬을 만드는 모습을 고객에게 고스란히
공개해 신뢰도를 높였다. 특히 재료와 조미료 사용 여부에 깐깐한
어르신들이 유심히 보고 가서는 딸이나 며느리를 새 고객으로 데리고
오는 일이 많다고.

홍보 포인트

회원제 운영으로
단골 4,000명을
확보했다

소중한 식사의 회원이 되면 포인트 적립으로 할인 혜택을 받고,
복날이나 명절 등의 시즌 행사 때 문자로 먼저 연락을 받아 음식을
예약할 수 있다. 그리 특별한 혜택은 아니지만, 메뉴 품절이 번번이
일어나는 인기 반찬가게에 음식 예약을 미리 해둘 수 있다는 점 때문에
회원 가입을 한 단골 고객만 이미 4,000명에 이른다.

반찬가게, 소중한 식사

미래의 먹거리 소상공인을 위한 조언

반찬가게를 하려는 분들은 대개 저보다 나이가 좀 많은 주부들이에요. 아이가 학교에서 돌아올 때까지 열심히 일하고, 부족한 일손은 직원 한두 명 써서 채우면 되겠다 생각하시는 분이 적지 않죠. 하지만 반찬가게에 부업은 없다고 생각합니다. 그런 마음으로 시작한다면 백전백패, 돈만 날리기 십상이에요.

반찬은 신선도가 생명입니다. 매일 좋은 재료를 사다가 잘 보관하고, 매장에 진열해 놓은 반찬들이 고객 집으로 가서 급변하지 않도록 유통기한을 최대한 단축해야 해요. 제가 '매일반찬'을 고집하고 있는 이유죠. 그러자면 부업하는 마인드 정도론 해낼 수 없어요. 혼자서 하는 것도 안 돼요. 사람이 없으면 남편이라도 불러 함께 일해야 합니다.

저는 하루에 장을 많게는 서너 번 봐요. 아침에 정육점 한 번, 하나로마트 한 번 들러서 출근하고, 저녁에 아이들 재우고서 다시 하나로마트 가고, 또 일주일에 두세 번은 가락동 도매시장에 나갑니다. 장을 보면 돌아와서 냉장고를 다 뒤집어 재고 정리를 하니까 여간 품이 많이 드는 게 아니에요. 프랜차이즈를 생각한다면, 특히 제조업인 경우에는 회사 시스템이며 세부적인 운영 상태, 계약서 조항 하나하나까지 꼼꼼히 따져보고 결정하세요. 저의 경우 음식 맛만 생각했지 프랜차이즈 회사의 서류들을 제대로 체크하지 못해 큰 낭패를 보았습니다. 그리고 이왕이면 작더라도 온 힘을 다해 나다운 가게를 만들어가는 게 더 보람이 있을 거라고 장담합니다.

반찬가게, 소중한 식사

운영 방식 다원화로
고비를 넘었습니다

돈가스 & 스몰비어 가게, 마고 | 이지훈

위기는 어떻게 극복해야 할까?

"오가는 사람 빤한 동네 장사인데,

돈가스만으로 매출 올리기가 힘들었어요.

신 메뉴를 개발하는 한편 저녁엔 맥주를 팔고

음식 배달 서비스도 시작했어요.

한숨 돌렸습니다. 지역 특성을 읽고

발 빠르게 맞춰나간 게 주효했어요."

돈가스 & 스몰비어 가게, 마고

나를 소개합니다
이지훈(32)
———————————————

대학에서 전자공학을 공부했지만
일찍부터 창업에 뜻이 있어 직장에 다니는
동안 어머니와 함께 돈가스 전문점을
오픈했다. 손맛은 어머니가, 메뉴와 가게
운영에 관한 아이디어는 지훈 씨가
담당한다. 2015년 10월에 결혼한 동갑내기
아내도 가게 운영에 힘을 보태고 있다.

나의 브랜드를 소개합니다
마고
———————————————

설화 속의 마고할미에서 이름을 따왔다.
'손맛' 담당인 어머니의 아이디어로,
따뜻한 모성으로 음식을 준비한다는
의미를 담았다. 창업 당시에는 수제
돈가스 전문점으로 출발했지만 지금은
편안하고 감각적인 동네 맥주집, 맛있는
배달요리집으로도 이름을 알리고 있다.

형태	식당(약 15평). 온·오프라인 판매
오픈	2013년 4월
개업 자금	약 2억 원(상가 매입 및 인테리어)
자금 조달 방법	절반은 대출, 절반은 부모님 투자
주요 품목	수제 돈가스, 떡볶이, 볶음밥 등. 크림 생맥주와 안주류
주 고객층	동네 30~50대 주부, 남성
월 매출	1,200만~1,400만 원
주소	경기도 고양시 일산동구 중산로 157번길 49 대산타운
전화	(031)976-6784
블로그	blog.naver.com/magocutlet

10／위기는 어떻게 극복해야 할까?

'마고' 대표 이지훈 씨와 아내 단혜원 씨,
어머니 황윤정 씨(왼쪽부터).

'마고'의 하루

시간	내용
10:00	영업 준비
11:00	영업 시작
11:00~14:00	점심식사 판매
15:00~17:00	저녁 영업 및 다음 날 쓸 재료 준비
18:00~21:00	저녁식사 및 맥주 판매
20:00~01:00	맥주 손님 서비스
01:00	영업 마감

영업시간 내내 식사 배달 서비스(11:00~01:00)

경기도 일산동구 아파트단지를 면한 작은 골목 안. 낮에는 수제 돈가스 집으로, 밤에는 크림생맥주가 맛있는 스몰비어 바로, 또한 밤낮 없이 돈가스와 떡볶이, 볶음밥 등 온가족 한 끼와 야식을 시켜먹는 배달 맛집으로 이름을 알려가는 곳이 있다. 이름은 마고. 누군가는 '마고돈가스', 누군가는 '마고비어', 누군가는 그냥 '마고'라고 부르며 즐겨 찾는 동네 음식점이다.

가게 사장은 앳되고 선한 웃음이 매력적인 운동 마니아 청년, 이제 막 결혼해서 새신랑이 된 이지훈 씨다. 그의 어머니 황윤정 씨가 주방을 책임지고 갓 결혼한 동갑내기 신부 단혜원 씨가 홀 업무를 도우면서 작은 가게를 셋이서 함께 키워나가고 있다. 이지훈 씨는 창업 초기부터 이런 멀티 콘셉트의 가게를 생각했던 것일까?

"아닙니다. 창업한 지 2년 반이 되어가는데 가게 변천사가 화려합니다. 매출을 끌어올리려고 이런저런 시도를 해본 결과지요. 음식 장사가 생각만큼 쉽지 않더라고요. 맛만 있다고 되는 게 아니라 다양한 전략이 필요했어요. 그걸 창업하고 1년이 다 되어서야 깨달았죠."

창업은 위기의 연속이라고들 한다. 창업 후 성패가 결정 난다는 6개월에서 1년 동안은 물론이고, 자리를 잘 잡아 몇 년째 승승장구하다가도 구멍에 발이 빠지듯 새로운 위기를 만나게 되는 것이 바로 창업의 길이다. 위기는 당장 매출 부진으로 드러나며, 그럴 때마다 적극적으로 원인을 찾아 분석하고 개선점을 찾아 실행하는 위기관리 능력이 있어야 한다. 이지훈 씨의 경우 위기가 바로 찾아왔지만 직장과 병행하며 '투잡맨'으로 일하느라 가게를 변화시키는 데에는 시간이 좀 걸렸다고 한다.

어머니와 함께 문 연 수제 돈가스 전문점

2013년 4월 마고는 수제 돈가스 전문점으로 창업했다. 지훈 씨는 직장에 다니는 동안 어머니와 상의해 창업을 계획하고 실행에 옮겼다. 한때 프랜차이즈 고깃집을 크게 운영하다 사업을 접은 후에는 호텔 일식부 매니저로 일하는 등 요식업계 경험이 많은 어머니와 작고 세련된 동네 사랑방 같은 식당을 하나 차려 운영하면 좋겠다고 생각하던 차였다.

마침 살고 있는 아파트단지 가까운 골목 상가에 어머니가 눈여겨봐 둔 가게가 매물로 나왔다. 옷가게가 있던 1층 15평 공간으로 매매가는 1억 5,000만 원, 임대를 하면 보증금을 끼고 월세 80만~100만 원 선에서 운영이 가능한 상황이었다. 하지만 월세를 내면서 사업하면 힘만 들고 남는 것도 없다는 부모님 말씀에 투자한다는 마음으로 절반은 은행에서 대출을 받고 절반은 부모님께 빌려서 상가를 구입했다.

가게의 콘셉트와 메뉴는 지훈 씨가 중점적으로 구상했다. 아이를 둔 젊은 부모들이 많이 사는 신도시의 특성상 동네에 카페 같은 분위기의 수제 돈가스 집이 하나 있으면 좋겠다는 생각에 발사믹 소스를 베이스로 한 이탈리안 퓨전 돈가스와 몇 가지 식사 메뉴를 준비했다. 메뉴판에 빤한 아이템은 하나도 담지 않겠다는 각오로 볶음밥 하나도 100가지 변주를 해가며 맛을 내보고 자신 있는 창작 메뉴로만 채웠다. 어머니나 지훈 씨나 요리 전공자는 아니기에 상상만으로 레시피를 짜고 만들었다가 폐기시킨 아이템도 많았다.

인테리어는 프로방스 풍으로 예쁘고 아늑하게 꾸몄다. 옷가게에 설치되어 있던 흰색 벽돌 장식을 그대로 활용해 전체 공사비를 3,000만 원 이내로 줄였다. 한쪽 벽에 커다란 초크아트 메뉴판을 설치한 것은 이지훈

씨의 아이디어이고, 아기자기한 장식 소품들은 대부분 어머니가 취미로 모아온 것이다. 마고 로고타입을 비롯해 메뉴판과 전단지 등 각종 홍보물 디자인은 손재주 좋고 컴퓨터 프로그램 작업에도 능한 이지훈 씨가 직접 했다.

"처음에 문을 열었을 때는 주목을 꽤 받았어요. 골목에 전에 없던 분위기의 음식점이라 눈에 띄었지요. 찾아온 분들은 음식 맛도 분위기도 좋다며 칭찬을 아끼지 않았어요. 제가 어려서부터 우리 어머니가 해주는 반찬보다 맛있는 건 먹어본 적이 없거든요. 맛에는 정말 자신이 있었어요. 하지만 매출이 생각보다 나오지 않았어요. 지금 생각하면 동네 상권의 특성을 이해하지 못하고 '하고 싶은 창업'을 한 탓입니다. 어쨌든 폐업을 막으려면 적극적인 변화가 필요한 시점이었고, 제가 다니던 직장을 그만두고 본격적으로 뛰어들게 되었습니다."

매출 올리려 저녁에 스몰비어 장사 시작

이지훈 씨가 회사를 그만둔 것은 창업 1년을 막 넘긴 시점이었다. 일단 매출이 낮은 이유를 냉정하게 분석했다. 당시 하루 매상 10만 원을 넘기기가 빠듯했던 상황. 음식 맛도 좋고 서비스도 좋다며 찾아오는 단골이 꽤 되었는데 왜 그렇게 됐을까? 첫째, 동네 상권이다 보니 늘 찾아오는 손님 외에는 새로 유입되는 고객이 거의 없었다. 그렇다고 판매하는 메뉴가 단골들이 매일 찾아와 먹을 수 있는 한식도 아니다. 둘째, 메뉴가 식사류이다 보니 손님이 낮 시간대에만 집중되고 가게가 비어 있는 시간이 많았다. 셋째, 원가 계산을 잘못해서 수익률도 매우 낮았다. 좋은 재료를 아낌없이 넣어서 만들고 수프에 국에 메인 메뉴까지 푸짐하게 내주면서도 동네 장사이니 최소 가격만 받자는 입장이었던 터라 팔아도 이윤이 남지 않는 메뉴가 허다했다. 그렇다고 이미 단골들에게 익숙해진 맛과 가격을 바꿀 수는 없는 노릇이었다.

원인이 명확하면 개선점도 잘 보이는 법이다. 이지훈 씨는 고민 끝에 저녁 손님을 끌기 위한 스몰비어 장사를 겸해보기로 했다. 낮에는 돈가스를 팔고, 오후 6시 이후에는 맥주를 판다. 마침 수도권 주요 상권을 중심으로 젊은 감각의 스몰비어 창업이 인기를 끌고 있었고, 깔끔한 마고의 인테리어에 맛있는 생맥주와 부담 없이 즐길 수 있는 작은 안주류 몇 가지만 더하면 별다른 투자 없이 혼자 힘으로도 운영이 가능할 것 같았다. 이에 '만인의 간식' 떡볶이와 기본 안주류 너덧 가지를 개발한 후에 급한 대로 테이블마다 '마고비어' 메뉴판을 하나씩 만들어 올리고는 저녁 장사를 시작했다. 동네다 보니 따로 홍보랄 것도 없었다.

"맥주 장사가 생각보다 빨리 자리를 잡았어요. 이 동네에 흔한 치킨 집 말고는 개성 있는 술집이 없었거든요. 가게가 깔끔하니까 이른 오후에 주부들도 아이들을 데리고 나와서 맥주 모임을 갖고, 저녁에는 30~50대 남성들이나 가족 단위 손님이 오고, 젊은 친구들도 어떻게 알고 찾아와요. 동네에 맞지 않게 젊은 층을 겨냥했던 카페형 인테리어가 스몰비어 바를 운영하면서 비로소 빛을 보는 것 같았습니다."

마고비어의 크림생맥주가 특히 맛있다며 찾아오는 분들이 많다. 이지훈 씨의 설명에 의하면, 다른 집보다 생맥주가 맛있으려면 청결이 비결이다. 업체에서 공급받는 맥주 맛이야 어디나 동일한데, 맥주 키트를 매일 청소하고 노즐도 한 달에 한 번씩 주기적으로 갈아주어야 생맥주 특유의 신선한 맛이 유지된다. 보통은 이 작업이 귀찮고 청소할 때마다 맥주 양에

돈가스 & 스몰비어 가게. 마고

10 / 위기는 어떻게 극복해야 할까?

다양한 돈가스와 볶음밥, 치즈폭탄떡볶이가 마고의 주 메뉴.
채소와 고기, 치즈 등 속재료를 아낌없이 썼다는 것이 눈에 보일 정도로 푸짐하다.

돈가스 & 스몰비어 가게, 마고

손실분이 생기기도 해서 게을리 하는 업소들이 많다고 한다.

　마고비어의 또 다른 인기 비결은 남다른 서비스다. 최소 4,000원부터 1만 원 이하의 작은 안주류가 다양하게 준비되어 있다는 점, 혹은 생맥주 한 잔만 시켜놓고 앉아 있어도 눈치 주지 않는 친절함이 동네 손님들을 편안하게 만들었다. 값싼 안주들로는 매출이 잘 나오지 않지만 그 덕분에 한 번 찾아올 고객이 두 번, 세 번 찾아주면 더 좋다는 것이 이 대표의 생각이다.

　"동네 상권의 매력은 단골 장사에 있습니다. 저도 직접 가게를 운영하면서 터득한 점이에요. 우리 가게에 낯선 사람이 찾아오는 경우는 거의 없어요. 뜨내기가 없는 곳이지요. 다만 주거지 옆에 있어 접근성이 좋으니까 가게가 마음에 들면 계속 찾아옵니다. 꾸준한 서비스와 친절함만이 단골을 늘리는 비결이에요."

　이런 상권의 특성은 고객관리가 중요한 일을 해온 이지훈 씨에게 제법 반가운 편이다. 그는 운동 트레이너로 일할 때도, 보험회사 직원으로 일할 때도 고객관리에는 상당한 자신감이 있었다고 한다.

먼 곳의 고객 만나러 음식 배달 서비스도 시작

마고비어를 운영하며 장사에 재미를 붙인 그는 6개월 뒤 또 다른 도전을 한다. 바로 가게의 모든 메뉴를 문 앞까지 배달해주는 가정 배달 서비스를 시작한 것이다. 목적은 단 하나, 걸어서 오기에는 조금 먼 거리에 있는 사람들까지 고객으로 만드는 상권 확장이었다.

　"말씀 드렸듯 외부 인구의 유입이 매우 적은 동네예요. 여기서 한 블록만 벗어나도 상권이 제법 큰데 워낙 후미진 골목인 거죠. 그 한계를 극복하고 고객을 늘리는 방법이 없을까 고민하다가 요즘 경쟁적으로 늘고 있는 배달 서비스 사업을 떠올렸어요. 배달로는 커버할 수 있는 상권이 넓어지니까 매출을 올리는 데 승산이 있지 않을까 하고요."

마고비어를 시작하면서 떡볶이 안주를 개발한 것이 직접적인 계기가 되었다. 떡볶이는 온 국민이 좋아하는 인기 배달 메뉴 중 하나. 특히 마고의 폭탄치즈떡볶이는 원가가 비싼 99퍼센트 자연산 통 모차렐라 치즈를 넣고 캡사이신 같은 인위적인 재료 대신에 땡초와 청량고추, 일반고추만으로 맛있는 매운 맛을 내기 때문에 고객들의 평이 좋다.

음식점이 배달 서비스를 하려면 꼭 배달 직원을 두어야 할까? 그렇지 않다. '배달 천국' 대한민국에는 음식 배달을 대행하는 외주 업체도 많다. 마고에 음식 주문이 들어오면 거의 동시에 배달업체로 주문 내용을 알린다. 그러면 음식이 만들어지는 15분 안에 배달 직원이 도착해서 고객에게 따뜻한 음식을 배달한다. 업체로 나가는 배달 수수료가 적지 않지만 하루 평균 배달 건수가 35건을 넘기지 않는다면 직원을 고용하는 것보다 합리적인 선택이라는 계산이 나왔다.

"배달 음식의 유일한 경쟁력은 맛에 있습니다. 가게 인테리어나 분위기 다 소용없잖아요. 요즘은 스마트폰 어플로 음식을 주문하는 경우가 많은데 그 고객들 중에 30퍼센트는 먹어본 후에 리뷰를 답니다. 우리 가게는 그런 배달 앱들에 맛있다는 평이 정말 많고 재구매율도 50퍼센트가 넘습니다. 아직은 배달 주문량이 많지 않지만 그게 자부심이죠. 맛으로 인정받고 있다는 거."

돈가스 & 스몰비어 가게, 마고

맛과 고객 함께 잡는 행복한 성장 추구

운영 방식을 다원화하며 계속 성장해온 마고의 지금 성적은 나쁘지 않다. 월 매출액은 1,200만~1,400만 원 선. 전체 매출에서 매장 내 식사와 스몰비어, 음식 배달이 각각 차지하는 비중은 1:1:1로 비슷한 상태다. 배달을 시작한 이후로는 프랜차이즈 문의가 들어올 정도로 일산권에서 나름 브랜드를 알려가고 있다.

"이제 결혼도 했으니 목표를 더 높게 잡아야죠. 우선은 한 달 매출이 2,000만 원 정도 나오면 좋겠습니다. 장기적으로는 낮에 식사 장사보다는 비어, 그리고 배달이 더 안정적인 수익원이 될 것 같아요. 식사는 손님이 들쑥날쑥하고 초반보다 매출이 많이 떨어진 추세거든요. 배달은 하면 할수록 단골이 늘어납니다. 입소문의 효과가 더해지니까요. 술장사도 동네에서 유행 타지 않고 장기간 영업이 가능한 종목이니까 열심히 하면 지금보다 나아지겠죠."

그다음 목표는 일산 신도시 내 라페스타와 웨스턴돔 같은 메인 상권에 마고 2호점을 내는 것이다. 동네 음식점으로 단골을 늘려가며 장사하는 재미도 적지 않지만 어머니 손맛에 자부심이 있는 만큼 젊은이들이 많이 오가는 메인 스트리트에서 제대로 평가 받아보고 싶다. 소문난 맛집이 즐비한 일산의 메인 상권에서 인정을 받는다면, 그때야말로 마고 프랜차이즈를 욕심내볼 만하지 않을까?

이지훈 씨의 어머니는 인터뷰를 마치며 요즘 가장 행복한 시간을 보내고 있다고 함박웃음을 지었다. 매출이 안 나오는 가게의 주방을 지키고 앉아 홀로 전전긍긍하던 이전과 달리, 일은 많고 바빠졌지만 아들 내외와 함께 신 메뉴 구상도 하고 이런저런 목표와 꿈을 나누니 살맛이

난다는 것이다. 낮과 밤이 다르게 흘러가는 마고에서 이들 세 가족이
함께 일하는 모습을 보려면 맥주 장사가 본격적으로 시작되기 전인 늦은
오후에 찾아가면 된다. 낮에는 대체로 어머니가 주방 보조 한 분과 함께
가게를 운영하고, 오후 3시쯤부터는 아들 내외가 함께 나와 저녁 장사를
준비하고 새벽 1시에 일을 마친다. 어머니의 퇴근 시간은 메인 안주가 거의
마감되는 저녁 9시경이다. *written by* 박희선

돈가스 & 스몰비어 가게, 마고

마고's Check Point

운영 포인트
'한 점포 세 가게'
효과로 매출을
올렸다

마고의 생존 전략은 운영 방식의 다양화다. 낮에는 주로 돈가스를
비롯한 식사류를, 저녁에는 생맥주와 작은 안주류를 팔고, 동네에서
조금 떨어진 곳으로는 영업시간 내내 음식 배달을 나간다. 적은 인원이
시간대를 나누어 일하며 배달 외주 업체의 도움도 받기 때문에 추가 인력
없이 '세 가게 효과'를 낼 수 있었다. 창업 초기 고전하던 매출도 세 배로
뛰어올랐다.

아이템 포인트
좋은 재료와
수제 레시피로
인정받았다

마고의 모든 요리는 수제다. 냉동 식재료를 전혀 사용하지 않고
직접 모든 소스의 레시피를 개발해 사용한다. 아낌없이 사용한 좋은
재료들은 눈에 보일 정도다. 이지훈 대표는 "보통 음식점에서 식재료
원가를 30퍼센트 이내로 잡는다고들 하지만 우리는 50퍼센트로
책정하고 있다"며 "동네 장사는 단기 수익보다 인간적인 신뢰와 나눔의
정신이 더욱 중요하다"고 강조했다.

홍보 포인트
배달 서비스로
골목 밖의 고객까지
끌어모았다

주거지에 면한 작은 골목에서 장사를 하면 고객을 늘리기가 쉽지 않다.
한 블록만 넘어가도 다른 상권이 존재하기 때문이다. 마고는 이 문제를
해결하기 위해 음식 배달 서비스를 시작했다. 배달은 기본적으로
점포 위치에서 반경 1.2~2킬로미터 이내를 커버하기 때문에 걸어서
찾아오지 못하는 손님들까지 고객층으로 확보할 수 있었다. 배달
음식점의 유일한 무기는 '맛'이고 맛만 있다면 입소문 효과를 톡톡히 볼
수 있다는 것도 배달 서비스의 장점이다.

미래의 먹거리 소상공인을 위한 조언

사람들 중에 끈기가 있는 사람도 있고 창의력이 뛰어난 사람도 있잖아요. 음식점을 운영하려면 끈기와 창의력이 모두 필요합니다. 손맛만 있다고 너무 쉽게 생각하면 안 돼요. 같은 음식을 365일 만들 수 있는 끈기, 그리고 새로운 메뉴 개발에 대한 창의력과 자신감이 있어야 합니다. 점포를 구해서 처음에 인테리어 할 때, 주방 동선 설계에 특히 유의하세요. 미관만 생각하다가 동선을 불편하게 잡으면 나중에 꼭 다시 고치게 됩니다. 메뉴를 개발할 때는 맛과 함께 음식을 만드는 시간 단축에도 신경을 쓰세요. 주문 후 10분 이내에 2~3개 요리는 만들어낼 수 있을 정도의 레시피와 재료가 준비되어 있어야 합니다. 처음 한두 번은 손에 익히느라 늦을 수도 있지만 1년 내내 그렇게 운영하면 본인도 지치고 매상도 안 올라요. 쉽고 빠르게 만들면서 완성도를 높일 수 있는 방법을 찾아내야 합니다.

그릇을 구입할 때는 디자인만 보지 말고 설거지 등 정리를 할 때 유리한 것을 선택하세요. 저도 초반에는 엄청 무거운 도기 그릇을 사용하다가 다루기 힘들어서 차차 교체했어요. 또한 음식 장사는 계절별로 재료비 차이가 큽니다. 계절을 타는 음식은 다른 계절에 대체할 수 있는 메뉴를, 주요 식재료들은 값이 뛰었을 때 대체 가능한 대안을 생각해놓아야 합니다. 이런 대비가 제대로 안 되어 있으면 열심히 팔고도 수익이 남지 않는 불행한 사태를 맞을 수 있어요.

미래의
먹거리 소상공인을 위한
스타트업 가이드

만드는 이와 먹는 이가 있을 뿐이지만,
음식을 만들어 나눠 먹는 것과 음식을 만들어
돈을 버는 것은 천지차이다. 각자 판매자와 소비자라는
또 하나의 정체성을 획득하는 순간, 둘 사이에는
법규와 절차, 책임과 관리의 큰 강이 놓인다.
게다가 그 강을 건너는 건 오로지 판매자의 몫이다.
자, 어떻게 강을 건너야 할까.

LESSON 1
나만의 먹거리 창업을 이루기까지

'내가 무슨 요리를 해도 사람들이 맛있다고 해. 팔아도 되겠다고
칭찬해. 저 떡볶이 집보다 내가 만든 떡볶이가 더 맛있어. 장사를
시작하면 금세 부자가 될 수 있을 거야.'
정말 장사만 시작하면 부자가 될 수 있을까. 아직 당신은 음식을
팔아본 적도, 홍보를 해서 사람들을 불러모아 본 적도 없다. 냉정하게
얘기하면 음식은 창업에 필요한 하나의 요소일 뿐이다. 창업을
하기까지, 지금부터 하나하나 알아보고 차근차근 준비해야 한다.
각자의 상황이나 음식 종류에 따라 창업 형태는 조금 달라지겠지만,
창업까지 과정은 대략 다음과 같다.

모색 단계 ① 내 음식이 시장에 먹힐지, 만약 업그레이드가 필요하다면
어떻게 해야 할지 파악하고 모색하는 것이 첫 단계. 유사
업종의 맛집을 꾸준히 찾아다니며 음식을 맛보고 내가 만든
것과 비교해 장단점, 차이를 기록한다. 각종 창업 박람회나
세미나를 찾아 관련 정보를 입수한다. 요리 실력을 좀 더 키울
요량이면 요리학원이나 관련 기술교육기관을 다닌다.

**창업 유형과
규모 결정** ② 매장 판매, 온라인 판매, 요리나 베이킹 클래스 운영 등 원하는
창업 유형을 찾는다. 창업 자금의 규모, 투자 가능한 시간, 육아
병행 여부, 동업 등 모든 개인적인 상황을 고려해 신중하게
결정한다. 여기서 '창업 자금'이란 점포를 얻는 데 드는 돈뿐
아니라 이후 운영 자금까지 포함하는 개념이다. 자금이
모자라는 데 아이템이 좋을 경우, 각종 창업지원 프로그램에
도전해보는 것도 한 방법이다.

점포 물색하기 **3** 음식 관련 업종에 종사하려면 기본적으로 수도, 전기, 가스 시설을 갖춘 조리 공간이 있어야 한다. 통신판매 위주의 제조·가공업을 할 것인지, 고객을 상대하는 오픈 매장을 열지에 따라 입지 조건과 규모가 달라진다. 원하는 지역을 찾아 시세와 조건에 맞는 공간이 있는지 알아본다. 열심히 발품을 팔아야 하는 단계다.

각종 등록절차 **4** 사업자등록과 통신판매업 신고 등 필수 등록절차를 밟는 단계. 밟기 온라인 판매를 병행한다면 통신판매업 신고는 필수다.

상호 및 **5** 유사 식당, 브랜드의 간판이나 로고를 조사해 장단점을 브랜드 만들기 참고한다. 내 음식이나 손맛 등 제품의 고유한 특성, 비전, 트렌드, 발음 등을 종합적으로 고려해 상호 및 브랜드를 만들고 로고를 결정한다. 브랜드, 로고는 인테리어는 물론 포장지, 냅킨 등 소품에도 반영한다.

인테리어하기 **6** 인테리어 콘셉트를 정해 내부 및 외부를 꾸민다. 실제로 음식을 만들 때의 동선을 고려해 조리공간을 꾸미는 것이 중요하다. 이미 설비가 갖춰진 점포를 찾아 리모델링하면 비용을 줄일 수 있다. 온라인 매장을 운영한다면 무료 판매자 플랫폼 등을 활용해 홈페이지를 구축한다. 한편, 이 시기에 위생교육 등 각종 행정절차를 밟는다.

주요 메뉴 **7** 주요 메뉴를 정하고 가격을 책정한다. 대표 메뉴 서너 가지 준비하기 외에 사이드 메뉴, 선물용 메뉴 등 다양한 가격대로 구성해 선택의 폭을 넓히는 것이 매출에 도움된다.

리허설하기 **8** 창업 전에 반드시 리허설을 해보자. 주문을 받아 요리하고 테이블에 서빙하고 계산하고 치우는, 일련의 기본 과정부터 전반적인 점포 운영의 상황들을 시연하고 경험해본다. 문제점을 찾아내 개선한 다음 오픈한다.

미래의 먹거리 소상공인을 위한 스타트업 가이드

손맛 업그레이드에 도움되는 교육기관

음식은 창업의 필요조건이지 충분조건은 아니다. 창업을 위해서는
'맛'의 기본에 충실(필요조건)하면서도, 다른 곳이 아닌 꼭
이곳이어야 하는 특화된 요소(충분조건)가 필요하다는 뜻이다.
손맛이 좀 부족해 걱정이라면 업그레이드부터 하자. 나만의 최적화된
조리법을 찾고 요리의 트렌드도 익히려면 요리책이나 음식 블로그
등을 통해 독학하는 방법보다 교육을 받는 것이 유용할 수 있다.
수업료가 저렴하거나 무료인 교육기관들을 소개한다.

소상공인통합교육시스템
소상공인시장진흥공단에서 예비창업자
교육과정을 운영하고 있다. 요리강습
외에도 창업, 운영 등 소상공인에게
필요한 다양한 교육 프로그램에 참여할
수 있다. *edu.sbiz.or.kr*

여성인력개발센터
여성 재취업을 위한 교육기관이다.
요리, 홈패션, 의상, 컴퓨터 기초 등
다양한 분야의 여성맞춤형 프로그램을
운영한다. 전국적으로 53개 센터가
있다. *www.vocation.or.kr*

한솔외식창업아카데미
한솔요리학원은 서울에 종로3가점을
포함한 8개 지점, 수도권 2개 지점을
갖추고 있다. 노동부평가 A등급
기관으로 항시 요리교육 프로그램을
진행한다. *www.hschangup.com*

서울시소상공인지원센터 외
서울시소상공인지원센터 등 전국 지자체,
재래시장, 프랜차이즈 업체 등에서
비정기적으로 무료 요리강습 프로그램을
진행한다. 인터넷에 '창업요리강습' 등의
검색어를 넣어보면 그 시즌에 진행되는
교육 프로그램을 찾을 수 있다.
www.seoulsbdc.or.kr

나에게 맞는 창업 유형 선택하기

먹거리 관련 창업 방식은 의외로 다양하다. 특정한 요리에 능하고 사람들과 교류하는 것을 좋아하면 점포 없이 요리강습 클래스만 운영할 수도 있고, 나만의 메뉴를 개발해 본격적으로 장사를 하고 싶다면 오프라인 점포를 차릴지, 온라인 판매에 주력할지 선택할 수 있다. 어떤 형태로 시작하든 먹거리 창업은 음식을 조리할 공간이 필요하다. 아주 작은 규모로 요리강습을 한다 해도 그렇다. 더욱이 음식을 만들어 판매할 경우 식품위생 기준에 따른 조리 및 저장 시설, 매장 등을 갖춰야 하기 때문에 주부들이 흔히 부업으로 시작하는 수공예 숍들처럼 집에서 맨손으로 출발하는 것은 거의 불가능하다. 자본금에 따라, 창업 종목에 따라, 혹은 선호하는 업무 스타일에 따라 내게 맞는 형태의 창업 플랜을 세워보자.

요리강좌 클래스 운영

판매는 하지 않고 요리수업만 한다 — 육아와 일을 병행하려는 주부들이 가장 먼저 고려하는 형태다. 실력을 인정받고 홍보만 잘 한다면 전문직 프리랜서처럼 일할 시간과 양을 스스로 조절하며 안정적인 수입을 얻을 수 있어서다. 너덧 명이 모여 요리강습이 가능한 정도의 공동 작업장만 갖추면 별다른 준비 없이 바로 창업이 가능한 것도 장점이다. 식품을 만들어 판매하는 것이 아니기 때문에 사업자등록 외에는 까다로운 허가절차를 밟을 일이 없다. 다만, 고객이 멀리서도 제 발로 찾아올 수 있을 만큼 확실한 실력과 입소문은 필수다. 그래서 유행하는 제과제빵 아이템으로 인터넷 상에서 먼저 인기를 끈 블로그 스타들이 클래스 창업을 하는 경우가 많다. 낯선 사람을 대하고 기술을 전수하는 일이기 때문에, 요리 실력만큼이나 활달한 사교성과 소통능력도 필요하다.

온라인 숍 운영

조리시설만 갖추고 온라인 판매에 주력 — 판매 루트를 무엇으로 정하건, 식품을 만들어 팔려면 청결한 조리작업장을 갖추고 정기적으로 관할구청의 위생점검을 받아야 한다. 창업 자금을 줄이기 위해 매장 없이 온라인 판매에만 집중하더라도 마찬가지다. 물론 온라인 판매의 경우, 제품 포장 및 배송이 주요 업무에 속하므로 그런 작업이 가능한 공간까지 염두에 두어야 한다.

온라인 숍은 전자결제가 가능한 홈페이지를 사업자가 직접 제작해 운영할 수도 있지만, 소창업자들은 초기 비용을 줄이고 홍보 부담도 덜기 위해 대형 포털사이트의 오픈마켓을 주로 이용한다. 요즘은 '네이버 스토어팜'처럼 입점과 판매 수수료가 없는 새로운 형태의 판매자 플랫폼도 생겨나는 등 오픈마켓에 큰 변화가 일고 있으므로 상세 계약사항을 꼼꼼히 비교해 선택하는 것이 좋다.

온라인으로 판매되는 제품군은 유통기한이 너무 짧지 않고 유통 중 변질 또는 파손 위험이 없는 것들로 채우도록 한다. 매장에서 바로 구입해 먹어야 매력 있는 음식을 온라인에서 판다고 성공할 리 없다. 메뉴를 정하기 전에 사람들이 주로 인터넷으로 구매해 먹는 식품군을 파악해보는 것도 좋다. 한편, 전국구 고객을 대상으로 하는 온라인 숍은 품질 관리는 물론이고 남다른 아이디어로 브랜드 자체를 강력하게 어필할 수 있어야 롱런에 유리하다.

오프라인 매장 운영

확실한 손맛으로 직접 손님을 만난다 — 가장 흔히 생각하는 먹거리 창업 유형이다. 규모가 크든 작든 오프라인 숍을 차리고 매장에 찾아오는 손님들에게 먹거리 제품 또는 음식을 판다. 창업 비용에서 점포 임대료가 차지하는 비중이 절대적이기 때문에 자본금 규모에 따라 매장의 입지와 규모가 결정될 가능성이 크다. 하지만 실력과 개성이 중시되는 먹거리 분야인 만큼, 차별화된 손맛과 분위기, 확실한 고객 대상을 갖고 있다면 다소 불리한 입지조건으로도 얼마든지 가게를 성공시킬 수 있다.

요즘은 스스로 경영자이며 요리사인 1인 오너셰프가 운영하는 작은 음식점들이 특별히 주목을 끌기도 하고, 초기 자본금을 줄이기 위한 방편으로 푸드트럭 창업에 관심을 두는 청년장사꾼들도 늘고 있다. 푸드트럭 창업은 아무래도 매장 임대료보다는 중고 트럭 구입비가 더 싸다는 점, 한 곳에 정착하지 않고 사업장을 옮기며 장사할 수 있다는 자유로움 등으로 젊은 창업자들의 주목을 받고 있지만 거리에서 장사 허가를 받을 곳이 생각보다 많지 않다는 점, 트럭에서 팔 수 있는 메뉴의 한계성 등은 단점으로 꼽힌다.

어쨌거나 맛집 성공의 제1조건은 입지가 아닌 맛이다. 창업의 형태를 결정하기 전에 확실한 아이템을 잡는 것이 먼저다.

내 가게에 딱 어울리는 입지 찾기

음식점의 위치는 창업의 성공과 실패에 중요한 요소다. 목 좋은 곳을 잡으면 절반은 성공했다는 말도 있지 않은가. 하지만 일반적으로 장사가 잘 된다고 소문이 난 지역은 높은 임대료에 권리금까지 붙어 있다. 매물을 찾기도 쉽지 않다. 그런 악조건을 뚫고 기어이 그런 자리에 가게를 내야 하는 걸까?

꼭 그렇지는 않다. 음식점은 판매하는 메뉴와 고객 특성에 따라 지나치게 오픈된 대형 상권보다는 오히려 조금 숨어 있는 명당을 찾는 것이 유리할 수도 있다. 요컨대 중요한 것은 상권의 특성에 대해 잘 이해하고 사전조사를 철저히 하는 것이다. 지역별로 기본적인 정보는 소상공인 상권정보시스템(sg.kmdc.or.kr)에서 확인할 수 있으며, 좀 더 구체적인 정보를 원할 경우 직접 발품을 팔아 조사해야 한다.

상권의 종류

상권과 입지는 다르다. 기본적으로 상권의 특성을 알면 내 가게가 잘 어울리는 입지를 판단하기 쉽다. 흔히 장사에 좋은 목이라고 하면 상권이 아주 발달한 지역을 말하며, 그 종류는 다음의 네 가지로 나누어볼 수 있다.

오피스 상권 — 직장인들이 밀집한 지역. 30~40대가 주 고객이며 시간대별로 구매 양상이 다르다. 점심에는 주로 한식과 분식 등 가벼운 식사류, 저녁에는 술을 겸한 음식들에 매출이 집중된다. 대로변에 위치하며 소형 점포는 별로 없고 소매업 비중이 낮은 편이다.

대학가 상권 — 20대 젊은 여성이 주 고객이다. 대중교통 이용자가 많고 계절과 방학기간 등이 매출에 영향을 준다. 작은 가게가 많고 음식 가격대는 비교적 저렴하며 유행에 민감한 편이다.

주택가 상권 — 고객층이 남녀노소로 다양하다. 잠재수요는 크지만 실수요는 적은 편. 생필품을 파는 대형 마트가 많고, 동네에서 단골 장사로 오래 유지되는 가게가 많다. 지역의 생활수준, 또는 인구 구성에 따라 분위기의 차이가 크다.

역세권 상권 — 수요자 폭이 넓고 유동인구가 많다. 임차료가 비싼 반면 정확한 수요 예측은 어려운 것이 단점. 음식점이라면 혼자서도 간단하게 끼니를 해결할 수 있는 패스트푸드점, 혹은 가벼운 선물용 간식을 갖춘 점포가 유리할 수 있다.

입지 고르기

상권마다 특성이 이렇듯 다르므로, 가게 입지를 고를 때는 창업하려는 업종과의 궁합을 가장 중요하게 따져봐야 한다. 예를 들어 패스트푸드점이라면 회전율이 높고 테이크아웃 손님도 많은 역세권이나 번화가 중심이 알맞겠지만, 메뉴에 전문성이 강한 작은 음식점이라면 너무 시끄러운 대로변보다는 타깃 고객층이 모여 사는 주택가 골목이나 창의적인 업종의 작은 회사들이 모여 있는 동네가 더 어울릴 것이다. 내 가게에 딱 맞는 입지를 찾기 위해서 다음의 법칙을 따르면 좋다.

01 인구 조사는 구체적으로

상권 내에 거주하거나 일하고 있는 사람의 수와 그들이 지역에 주로 머무는 시간대, 직업, 나이, 평균소득 등을 가능한 한 자세히 파악한다. 유동인구를 조사할 때는 시간대별과 요일별로 파악해야 하는데, 평일과 휴일로 나누어 아침, 점심, 저녁 시간대에 직접 찾아가서 동네 분위기를 살피는 것이 좋다.

02 경쟁 업체 분석은 필수

내 가게를 차리고자 하는 곳에서 가까운 모든 음식점, 혹은 조금 떨어져 있어도 핵심 메뉴나 가게 분위기, 고객층이 겹치는 음식점을 경쟁 업체라고 볼 수 있다. 차를 타고 10분 거리에 있는 지역은 샅샅이 살피며 경쟁 업체 지도를 만들어보는 것이 좋다. 식당별 메뉴와 가격, 서비스도 가능하면 상세히 분석해서 적어 넣는다. 고객들은 생각보다 가격에 민감하다는 것, 주변 경쟁 업체에 대부분 다녀온 사람들이라는 사실을 잊지 말자.

03 자금이 부족하다면 규모보다 입지

모든 조건을 살펴 딱 좋은 입지를 찾았는데 자금이 부족하다. 자리를 옮겨야 할까? 이럴 때
입지를 포기하기보다 가능하면 식당 규모를 줄이는 것이 정석이다. 입지는 한 걸음 차이라도
크게 다른 경우가 있다. 예를 들어 가게 건너편의 상권이 죽어 있다면 곤란하다. 건널목 위치
등 고객의 동선을 고려해 사각지대는 피하는 것이 좋다.

04 자금이 많이 부족하다면 A보다 B

자금이 많이 부족한 초보 창업자라면 당장 좋아 보이는 장소보다 내일 더 좋아질 입지를
고르는 장기적인 전략을 권한다. 지금 핫 플레이스인 A급 상권 대신 1~2년 내에 발전
가능성이 보이는 B급 상권을 선택해 가까운 미래를 준비하는 것이다. 이 경우, 최근 몇 년간
주변 상권의 동향과 향후 지역개발계획 등을 깊숙이 꿰뚫고 있어야 실수가 없다.

미래의 먹거리 소상공인을 위한 스타트업 가이드

나만의 먹거리를 어필하는 상호 만들기

상호는 고객과 마주하는 첫인상이다. 작고 소박한 소자본 창업일수록 좋은 느낌과 명확한 정보를 제시하는 게 중요하다. 자금이 별로 없다면 직접 짓는 것도 좋은 방법이다. 실제로 이 책에 소개한 소상공인 대표들은 다들 직접 상호 및 브랜드명을 지었다. 음식이나 제품의 강점과 특징을 누구보다 잘 알고 오래 고민한 사람이 좋은 이름을 지을 수 있다. 대개는 다음과 같은 원칙을 따른다.

01 강점을 부각시켜라
'우리는 바로 이런 걸 판다'라고 설명할 수 있는, 아이템의 특화된 강점을 반영한다.

02 쉽게 지어라
고객의 입장에서 상호를 보거나 듣고도 무엇을 판매하는지 알 수 없는 애매한 이름보다는 바로 이해할 수 있는 상호가 좋다. 발음이 어렵지 않고 기억하기 쉬워야 입소문 마케팅에 유리하다.

03 목표 고객층에 어필하라
오프라인 매장의 경우 상권과 주 고객의 계층, 연령, 특성을 고려해서 실제 목표 고객에 어필하는 이름을 짓는 것이 좋다.

혹은 메뉴와 대상 고객에 따라
정보형과 감성형으로 나눌 수도 있다.

정보형 상호

메뉴 및 콘셉트 직접 제시 — ~김밥, ~식혜, ~떡, ~치킨, ~도시락 등 어떤 음식을 파는 곳인지 상호 및 브랜드에 직접적인 정보를 표기함으로써 혼란을 막을 수 있다. 같은 종류의 음식을 판매하는 곳이 여러 군데일 때 메뉴를 명시해 놓은 곳이 고객의 눈길과 발길을 붙들기에 유리하다.

감성형 상호

메뉴 및 콘셉트 간접 제시 — 주로 상대하는 고객이 젊은 층이거나 감성적인 층일 경우 은유적인 표현으로 고객에게 울림을 주면서 의미를 각인시킬 수 있다. 오래 끓인 정성스러운 제품이라는 뜻의 곡물잼 브랜드 '지새우고', 루아의 엄마가 운영하는 고급 수제 케이크 쿠킹클래스 '루아스 마마' 등은 뜻을 알고 났을 때 더 호감이 가는 브랜딩이다. 메뉴나 제품의 가격대, 콘셉트가 브랜드명에 담겨야 한다. 저가 제품이면 대중적이고 친근한 상호가 좋다.

창업지원 프로그램 제대로 노리기

돈이 없어서 창업을 못하는 시대는 지났다. 특히 창업은
정부의 중요 정책인 일자리 창출과 관련이 큰 분야로, 각종
청년창업지원제도가 마련되어 있다. 중소기업청 산하 창업진흥원과
소상공인진흥원, 서울시청년창업센터 등을 통해 창업지원을
체계적으로 받을 수 있다. 국내 모든 창업 정보를 모아놓은 창업넷
홈페이지(www.startup.go.kr)에서 '공고·신청'을 클릭해 자격 조건,
금액, 지원 방법 등을 살펴보면서 자신에게 해당되는 프로그램을
찾아보면 된다.

창업지원 프로그램에서 단순 요식업은 지원금 대상에서 제외되는
경우가 많지만 독창적 사업 아이템으로 틈새를 공략하면 지원을 받을
수 있다. 이 책에 소개된 '고모네식혜'와 '지새우고'가 혜택을 받았다.
참여 업체 선정은 분야별 전문가로 구성된 평가위원회의
서면·대면평가를 통해 대표자의 전문성과 아이템의 사업성 등을
평가해 이뤄진다. 도움이 될 만한 창업지원 프로그램을 소개한다.

1인 창조기업 마케팅지원사업

중소기업청이 주관하는 1인 창조기업 마케팅지원사업은 우수한 아이디어를
가지고도 자금과 인력 부족으로 사업화에 어려움을 겪는 이들을 위한 맞춤형 지원
프로그램이다. 홈페이지 제작, 제품 디자인, 마케팅, 방송광고 등의 도움을 받을 수
있으며 기업 당 소요비용의 80퍼센트 이내에서 최대 2,000만 원까지 지원한다. 창업넷
홈페이지(www.startup.go.kr) 참조.

챌린지 1000 프로젝트

시가 보유하고 있는 유휴 공간을 사무실로 제공하고 시설 및 장비와 운영비를
적극적으로 지원하는 등 예비 창업자들이 성공적으로 사업을 시작할 수 있도록
다방면으로 도움을 주는 서울시의 맞춤형 지원 서비스다. 이 혜택을 받으려면 수익이
확실한 사업계획서와 투자자들의 마음을 움직일 수 있는 강력한 PT 등을 준비해야
한다. 서울시창업센터 홈페이지(www.changupga.com), 서울시청년창업센터
홈페이지(2030.seoul.kr) 참조.

e-커머스 드림 청년장사꾼 프로젝트

네이버와 대통령직속 청년위원회(이하 청년위)가 주최하고 미래창조과학부,
중소기업청이 후원하는 전자상거래 분야 청년창업가 집중 육성 프로젝트 사업이다.
e-커머스 드림은 만 19~39세의 온라인 쇼핑몰 창업에 관심을 갖고 사업의 꿈을
펼치고자 하는 청년이라면 누구나 참여할 수 있으며 선발된 참가자는 창업교육과
창업경진대회를 통해 전문가 멘토링, 마케팅 지원 등을 받게 되며, 우수 창업자로
선정되면 장관상과 함께 총 3,000만 원 규모의 창업 자금을 지원받는다.
2015년 4월에 처음 시작해 지금까지 상반기, 하반기 두 번에 걸쳐 실시했다. 네이버
블로그에서 자세한 안내를 받을 수 있다. *blog.naver.com/naver_seller*

미래의 먹거리 소상공인을 위한 스타트업 가이드

음식점 창업을 위한 필수 행정절차

어떤 종류의 사업이든 상거래를 하려면 사업자등록이 필요하다.
특히 사람들의 건강과 긴밀한 관계가 있는 음식점 창업은 허가제로
그 자격을 엄격히 규제하고 있기 때문에 사업자등록 이전에 조금 더
복잡한 절차를 거쳐야 한다. 음식물을 만들어 팔지 않고 요리강습만
할 경우라면 물론 사업자등록만 하면 된다. 여기서는 오프라인 매장을
오픈하는 경우에 꼭 거쳐야 할 기본적인 행정절차를 소개한다.

음식점의 종류

먼저 음식점의 종류부터 알아두자. 식품위생법상 음식점은 아래 네 가지로 분류된다.
음식점 종류에 따라 허가 내용이 다르며, 소창업자들의 경우 대부분 '일반음식점'으로
운영 허가를 받는다.

휴게음식점 — 음식물을 조리, 판매할 수 있으나 음주는 허용되지 않는다. 커피전문점 등.

일반음식점 — 음식물의 조리, 판매와 더불어 술 판매도 가능하다. 한식, 일식 등 일반
음식점, 치킨집, 스몰비어 전문점 등.

단란주점 — 일반음식점의 영업 내용에 더해 노래를 부를 수 있는 행위를 허용한 경우.

유흥주점 — 단란주점의 영업 내용에 더해 유흥종사자를 두거나 춤을 출 수 있는 행위를
허용한 경우.

음식점 창업을 위한 행정절차

음식점 창업을 위해 꼭 조리사 자격증이 필요한 것은 아니다. 하지만 사업자등록을 신청하기 전에 공중보건을 위한 위생 교육과 설비 점검을 완벽히 받아야만 영업허가가 난다.

위생교육 (1) 한국외식업중앙회에서 실시하는 신규 위생교육을 받고 위생교육필증을 발급받는다.

영업허가 신청 (2) 위생교육필증과 함께 건축물관리대장등본(제2종 근린생활 시설에서만 가능), 가스사용점검확인필증, 소방필증(영업장이 지하나 지상 2층 이상에 있는 경우), 수질검사성적서 등 음식점 영업허가에 필요한 자료들을 지참하고 해당 시·군·구청 위생과에 가서 신청한다. 시설이 잘 구비된 음식점을 인수한 경우 영업신고를 새로 하는 것보다 승계 받는 쪽이 간편하기도 하다. 신규로 신청할 경우 관할 위생과에서 나와 시설을 먼저 점검한 후에 허가를 내준다.

건강진단 (3) 음식점 영업을 하려면 사업자는 물론이고 주방 직원 및 아르바이트생까지 1년에 한 번씩 정기적으로 건강진단을 받아야 한다. 이를 어겼다가 적발될 경우 영업허가가 취소될 수 있고 벌금도 센 편이므로 귀찮더라도 반드시 지켜야 한다. 건강진단은 관할 보건소나 병원에서 받은 후 건강진단 결과서(구 보건증)를 떼어놓으면 된다. 신규 창업자의 경우, 사업자등록증을 신청하기 전에 건강진단을 받고 서류를 준비해가는 것이 좋다.

사업자등록증 신청 (4) 영업허가증과 임대차계약서 사본을 가지고 관할 세무서에 가서 신청한다. 연 매출 4,800만 원 이하는 간이사업자로, 그 이상은 일반과세자로 신청하면 되는데, 15평 미만의 작은 가게를 열 경우 보통은 간이사업자로 신고한다. 한편 음식점에서 술을 파는 경우에는 주류 취급에 대한 신고도 세무서에 따로 해야 한다.

통신판매업 신고 (5) 온라인 사이트를 통해서도 제품을 판매하려면 통신판매업 신고를 해야 한다. 오프라인 점포 없이 온라인에서만 물건을 거래하더라도 사업자등록은 필수사항이며, 식품위생법에 따른 조리 시설도 갖춰야 한다.

보험 가입 (6) 음식점 영업을 위해서는 일단 화재배상책임보험을 필수적으로 들어야 하며(가입 시기만 늦어도 벌금이 나온다), 만약의 사고에 대비해 음식물배상책임보험도 들어두는 것이 좋다. 개별 보험회사에 연락해 상담하면 음식점 창업 후 발생할 수 있는 다양한 보험금 지급 사례를 파악할 수 있다.

미래의 먹거리 소상공인을 위한 스타트업 가이드

매장 없이 식품을 제조·판매하는 방법과 절차

음식점을 차리지 않고도 다양한 종류의 먹거리를 제조, 판매할 수 있다. 지역 농산물을 활용해 장류나 장아찌, 차와 말린 과일 등을 만들어 전국에 유통시키거나, 수제 과자나 떡, 잼과 청, 건강음료 등을 가게 없이 온라인에서만 판매할 수도 있다. 요즘은 요리에 재능이 있는 사람들이 많아 집에서 만들어 먹던 음식을 알음알음 주변에 판매하다가 사업 아이템으로 발전시키는 경우도 있다. 하지만 허가 없이 그냥 판매해도 괜찮을까? 절대 안 된다. 모두 불법이다.

음식점 창업을 하지 않고 위와 같은 식품들을 만들어 합법적으로 판매하려면 '일반음식점' 대신 '식품제조·가공업'으로 해당 구청에 영업신고를 하면 된다. 하지만 이 경우에도 식품위생법상의 기준에 부합하는 작업 환경을 갖추고 사전허가를 받아야 하기 때문에 가정집 주방이나 이미 다른 용도로 사용 중인 조리시설을 활용할 수는 없다. 그러면 식품제조·가공업이란 무엇인지, 허가에 필요한 조건과 절차는 어떻게 되는지 살펴보자.

식품제조·가공업이란?

식품위생법상 식품제조·가공업에 관한 정의는 아래의 두 가지로 나뉜다.

식품제조·가공업 — 말 그대로 식품을 제조, 가공하는 영업. 법규에 적합한 제조 시설에서 식재료를 가공해 상품을 제조, 포장, 유통하는 것을 포함한다.

즉석판매제조·가공업 — 기본적으로는 총리령으로 정한 식품을 제조·가공업소에서 직접 최종 소비자에게 판매하는 영업을 뜻하며, 2014년 10월 이후로 택배 배달이 허용되었다. 식당과 카페, 푸드트럭 등 점포 형태의 음식점 영업이 모두 여기에 포함된다.

식품제조·가공업 신고에 필요한 절차

식품제조·가공업 사업자 역시 앞 장에서와 똑같은 영업신고 및 사업자등록 절차가 필요하다. 여기서는 'step 2: 영업허가 신청'을 하러 가기 전에 준비해야 할 사항을 구체적으로 소개한다. 보통은 이전에 음식점으로 사용했던 시설을 이어받아서 쓰는 음식점 창업과 달리, 식품제조·가공업자들은 조리대 하나까지 일일이 세부항목을 점검하며 갖추어가는 경우가 많다. 아래의 큰 과정을 이해하면 실수를 줄일 수 있을 것이다.

사업장 정하기 ① 건축물관리대장 상에 용도가 제2종 근린생활 시설로 표기되어 있어야 한다.

시설 갖추기 ② 식품위생법 제21조 시설 기준에 적합한 작업장을 갖춰야 한다. 원료처리실, 제조·가공실, 포장실 등 각각의 공간은 벽이나 층으로 분리되어 있어야 하며, 환기와 배수, 오염 방지 처리를 꼼꼼히 해야 한다. 한 예로 작업실 내벽은 바닥으로부터 1.5미터까지 밝은 색의 내수성 재질로 설비하거나 세균방지용 페인트를 칠해야 한다는 규정이 있다. 업종에 따라 세부 항목에 조금씩 차이가 있으므로 식약청이나 해당 구청 위생과에서 미리 상세한 내용을 알아보는 것이 좋다. 한편, 세균 번식을 막기 위해 싱크대와 냉장고, 조리대, 조리도구 등 모든 주방 제품은 스테인리스 재질을 선택하는 것이 좋다. 시설을 완비했다면 영업장 전체 도면을 그려 준비해둔다.

제조식품에 관한 보고서 만들기  판매할 제품의 종류와 제조사양 등을 담은 품목제조보고서와 제조방법설명서, 그리고 유통기한설정서를 작성한다. 식약청과 구청 위생과에 관련 서식이 준비되어 있다. 유통기한을 설정할 때는 이미 시중에 팔리고 있는 유사 상품들의 유통기한을 조사해 비슷하게 지정하면 된다.

실사 후 영업등록증 받기 이상의 3단계 준비를 마쳐 해당 구청에 영업허가 신청을 하면 위생과 직원이 직접 방문해 시설 점검을 한다. 심사에 통과하면 수일 내로 영업등록증이 발부되며, 이것을 가지고 관할 세무서에 가서 사업자등록을 하면 된다. 그 외 통신판매업 신고와 보험 가입 등은 앞 장의 절차와 동일하다. 한편, 식품제조가공업자는 이후로도 판매하는 모든 제품에 대해 6개월에 한 번씩 주기적으로 자가품질검사를 받는 것이 의무화되어 있다.

미래의 먹거리 소상공인을 위한 스타트업 가이드

먹거리 창업자의 블로그, 카페, SNS 홍보 노하우

음식점은 입소문이 빠르다. 특히 우리나라는 IT강국으로 소비자들의 정보력이 뛰어나다. 웹 기반의 생활방식이 강고하게 자리 잡고 있어 정보 확산이 빠른 점을 잘 활용하면 홍보에 유리한 고지를 점할 수 있다. 특히 홍보를 위해 별도의 비용을 들이기 어려운 소상공인에게 블로그 및 카페, SNS는 딱 맞춤한 홍보 수단이다. 최선의 맛을 담은 메뉴 소개와 고객의 반응, 이벤트 및 소식을 올리도록 한다.

01 요리과정을 공유하라

장보기부터 메뉴 및 제품이 만들어지는 요리과정, 계절메뉴 등을 꾸준히 공개한다. 한눈에 보이는 투명한 운영으로 고객에게 신뢰를 주며 고객의 의견을 듣고 운영에 참조할 수 있다.

02 대표메뉴를 내세워라

고객이 입소문을 내게 하려면 대표적인 '자랑거리'를 만들어주는 게 좋다. 재료의 신선함, 고급함 등 차별적 요소나 유래 등 스토리가 곁들여질 때 전파력이 빠르다. 여러 가지를 산만하게 늘어놓기보다 대표적인 메뉴 한 가지를 부각시키는 게 좋다.

03 소소한 일상을 공유하라

주인장의 소소한 일상 기록을 남겨라. 창업 구상 단계부터 가게 운영의 어려움이나 보람 등을 써나가면 그 기록 자체가 힘을 갖는다. 기록을 통해 개선점을 파악할 수 있고, 외부의 도움과 지지를 얻을 수 있다. 주인장의 인간적인 면모와 가치관 등이 전해질 경우 단골 고객이 생긴다.

04 게시물을 매일 올려라

페이스북이나 인스타그램 등에 음식이나 제품 사진, 신 메뉴 안내, 특별한 고객 이야기, 매장 영업 정보, 주인장이 먹어본 다른 맛있는 음식 얘기까지 매일 소소한 소식을 올린다. 지속적으로 브랜드를 노출하기 위함이다. 단, 지나치게 상업적인 목적으로 이용하면 역효과가 난다. 고객과 친구가 된다는 마음으로 좋은 정보를 공유해 나가야 한다.

05 태그는 상세하게 구체적으로 달아라

게시물 제목에 상호가 들어가도 별도로 태그를 걸지 않으면 검색에 노출되지 않는다. 태그는 상호명 외에도 지역, 메뉴 등을 넣어서 구체적으로 입력한다.

> 예) 일산 김밥 맛있는 집, 몸에 좋은 식혜, 강서구 식빵전문점, 청담동 웨딩도시락, 홍대합정 쫄면전문점, 김포 영양떡

06 맛집 정보 사이트나 지역 인터넷 카페를 활용해라

관련 포털이나 커뮤니티 사이트에 회원으로 가입해 활동하면서 고객의 욕구나 유행 등 최신 트렌드를 파악하고 잠재고객을 확보해나간다. 지역 소상공인들에게 무료로 홍보 공간을 내주거나, 월 3만~5만 원을 내면 '협력업체' 등의 자격을 부여해 게시판에 홍보를 할 수 있도록 해주는 지역 기반의 인터넷 맘카페들도 많다(109페이지 참조).

> **주요 맛집 정보 사이트**
> 메뉴판닷컴: www.menupan.com 요리 정보, 레시피, 추천 맛집 안내.
> 82쿡: www.82cook.com 살림과 요리, 맛집, 생활 정보 공유.

성공적인 먹거리 창업을 위한 절대법칙

전국의 음식점이 60만 개가 넘는다는 통계가 있다. 이 가운데 창업 후 3년 이내에 투자금을 회수할 확률은 10퍼센트, 즉 열에 아홉은 문을 닫는 상황이 발생한다. 그럼에도 청년 실업과 조기 퇴직, 경력 단절 주부들의 사회 복귀 등 여러 가지 이유로 음식점 창업에 대한 관심은 늘어만 가고 있다. 이런 사람들을 겨냥한 프랜차이즈 아이템도 도처에 널려 있다. 하지만 프랜차이즈 창업은 어떤 면에서 직장 생활과 비슷하다. 이미 잘 짜인 구조와 매뉴얼에 따라 규격화된 맛과 서비스를 제공하면 되므로 시작은 편안해도 그 수익은 온전히 내 것이 아니다. 어려운 시장 상황에서 가게 임차료에 브랜드 로열티까지 지불하고 나면 일을 안 하느니만 못한 결과를 낳을 수도 있다.
이 책에 소개한 창업자들은 규모가 작아도 모두 자신의 독창적인 아이디어와 손맛으로 시장에 도전장을 내밀고, 크고 작은 성공을 거둔 이들이다. 이들의 사례를 토대로, 성공적인 먹거리 창업을 위한 절대법칙을 몇 가지 정리해 보았다.

01 창의적인 대표 메뉴를 가져라

어느 음식점에 가도 먹을 수 있는 메뉴라면 경쟁력을 확보하기 어렵다. 고객이 우리 가게에 와야만 먹을 수 있다고 느낄 만큼 수준 높은 맛과 서비스를 준비해야 한다. 베스트셀러와 기본 품목 외에도 주기적으로 아이디어 넘치는 신 메뉴를 선보이도록 하자. 늘 똑같은 것만 시켜먹던 단골도 가끔은 새로운 맛과 경험을 원한다. 매일 동네에 새로운 음식점이 문을 여는 상황에서 고객이 흥미를 잃지 않게 하는 방법이며, 가게가 열심히 노력하고 있다는 인상도 준다.

02 직접 요리해라

경험 없는 초보 창업자일수록 가게 규모를 줄이고 모든 메뉴를 스스로 만들어내는 실력과
열정적인 자세를 갖는 것이 중요하다. 꼭 유명 요리학교 수료증이 필요한 것은 아니다.
일본 만화 〈심야식당〉의 인기에서 알 수 있듯, 요즘은 10평 남짓한 공간에서 1인 창업자가
직접 음식을 만들며 서비스도 하고 끊임없이 고객과 소통하며 성장해가는 모습에 응원을
보내는 맛집 순례자들이 많다. 이런 고객들은 알아서 입소문을 내며 홍보·마케팅을
도와주는 수호천사들이다. 반드시 내 고객으로 사로잡아라.

03 재료비를 아끼지 말아라

어떤 장사든 원가 관리가 무척 중요하다. 음식점에서 주로 드는 비용은 인건비와 식재료
원가인데, 음식점이 크면 식재료비만큼이나 인건비가 많이 나가는 경우가 많다. 흔히
원가 구성에서 식재료비 30퍼센트, 인건비 25퍼센트라는 얘기가 있는데 다 옛말이
되었다. 요즘은 전문성을 가진 작은 가게들이 성업하면서 식재료비를 40퍼센트로 올리고
인건비를 최소화하거나 맛 이상으로 고객만족 서비스에 신경 쓰는 사례가 크게 늘었다.

04 개성 있는 분위기를 만들어라

음식점에서 맛 이상으로 중요한 것이 분위기다. 그래서 음식을 먹는 게 아니라 '즐긴다'는
표현도 많이 쓴다. 특히 작은 가게에 찾아오는 고객은 음식뿐 아니라 사장의 매력에
이끌려 단골이 되는 경우도 많다. 간판부터 실내장식, 메뉴판, 사용하는 도구 하나에까지
주인의 개성이 듬뿍 담기도록 신경 써보자. 다만, 지나치게 마니아적인 취향을 부각하면
고객 폭을 넓히기 어려울 수도 있다. 늘고 있는 외국인 여행자를 겨냥해 시각적으로 잘
만든 메뉴판을 문 앞에 세우거나, 계절별로 입구 장식에 조금씩 변화를 주는 것도 꾸준히
새로운 고객을 끌 수 있는 방법이다.

폐업 리스크를 줄이기 위한 팁

1. 창업비용을 줄여라.
2. 트렌드에 민감한 음식 메뉴는 피해라.
3. 사계절 영업이 가능한 메뉴를 만들어라.
4. 식사시간대는 넓을수록 좋다.
5. 고객 1인당 지불할 수 있는 최소 단가를 1만 원 미만으로 맞춰라.

미래의 먹거리 소상공인을 위한 스타트업 가이드